金　属
METALS

英国 Brown Bear Books　著

黄旭虎　译

电子工业出版社·
Publishing House of Electronics Industry
北京 · BEIJING

Original Title: CHEMISTRY: METALS

Copyright © 2020 Brown Bear Books Ltd

BROWN BEAR BOOKS

Devised and produced by Brown Bear Books Ltd,

Unit 1/D, Leroy House, 436 Essex Road, London

N1 3QP, United Kingdom

Chinese Simplified Character rights arranged through Media Solutions Ltd Tokyo

Japan (info@mediasolutions.jp)

版权贸易合同登记号　图字：01-2022-6405

图书在版编目（CIP）数据

金属 / 英国 Brown Bear Books 著；黄旭虎译 . —北京：电子工业出版社，2023.5
（疯狂 STEM. 化学）
ISBN 978-7-121-45229-1

Ⅰ . ①金… Ⅱ . ①英… ②黄… Ⅲ . ①金属—青少年读物 Ⅳ . ①TG14-49

中国国家版本馆 CIP 数据核字（2023）第 046031 号

责任编辑：郭景瑶
文字编辑：刘　晓
印　　刷：北京利丰雅高长城印刷有限公司
装　　订：北京利丰雅高长城印刷有限公司
出版发行：电子工业出版社
　　　　　北京市海淀区万寿路 173 信箱　邮编：100036
开　　本：787×1092　1/16　印张：20　字数：608 千字
版　　次：2023 年 5 月第 1 版
印　　次：2023 年 5 月第 1 次印刷
定　　价：188.00 元（全 5 册）

凡所购买电子工业出版社图书有缺损问题，请向购买书店调换。若书店售缺，请与本社发行部联系，联系及邮购电话：（010）88254888，88258888。
质量投诉请发邮件至 zlts@phei.com.cn，盗版侵权举报请发邮件至 dbqq@phei.com.cn。
本书咨询联系方式：（010）88254210，influence@phei.com.cn，微信号：yingxianglibook。

"疯狂STEM" 丛书简介

　　STEM 是科学（Science）、技术（Technology）、工程（Engineering）、数学（Mathematics）四门学科英文首字母的缩写。STEM 教育就是将科学、技术、工程和数学进行跨学科融合，让孩子们通过项目探究和动手实践，以富有创造性的方式进行学习。

　　本丛书立足STEM 教育理念，从五个主要领域（物理、化学、生物、工程和技术、数学）出发，探索23个子领域，努力做到全方位、多学科的知识融会贯通，培养孩子们的科学素养，提升孩子们实际动手和解决问题的能力，将科学和理性融于生活。

　　从神秘的物质世界、奇妙的化学元素、不可思议的微观粒子、令人震撼的生命体到浩瀚的宇宙、唯美的数学、日新月异的技术……本丛书带领孩子们穿越人类认知的历史，沿着时间轴，用科学的眼光看待一切，了解我们赖以生存的世界是如何运转的。

　　本丛书精美的文字、易读的文风、丰富的信息图、珍贵的照片，让孩子们仿佛置身于浩瀚的科学图书馆。小到小学生，大到高中生，这套书会伴随孩子们成长。

目录

现代化学的元素周期表是由俄国化学家德米特里·伊万诺维奇·门捷列夫（Dmitry Ivanovich Mendeleyev，1834—1907）在1869年首先发表的。虽然许多新元素是后来才发现并被加到元素周期表中的，但门捷列夫的元素周期表仍然是宇宙万物的科学指南。

传说门捷列夫在玩纸牌游戏时发明了元素周期表。然而，历史上对此鲜有记载。1860年，德国卡尔斯鲁厄召开的一次科学会议上公开了一张原子质量表。据说，门捷列夫正是利用这张原子质量表排出了元素周期表。原子质量是原子核中质子数和中子数的总和。门捷列夫认为原子质量是元素最重要的性质，尽管现在人们知道元素是由原子序数（原子核中的质子数）来定义的。

门捷列夫很可能是在撰写教科书《化学原理》（1868—1870）时想出元素周期表的。在这本书中，门捷列夫将具有相似理化性质的元素归为一类。例如，他把卤素（第17族元素）归为一类，把碱金属元素（第1族元素）归为一类。门捷列夫将具有相同化合价的元素分组。化合价用于衡量原子与其他原子化合时的成键能力，数值上等于该原子或原子团可能结合的氢原子或氯原子的数

名字又有什么关系？

门捷列夫的英文名字一直没有定论。在俄语中，单词是用西里尔字母书写的，没有英文直译。因此，门捷列夫的英文名字有很多种写法，包括 Mendelev，Mendeleev，Mendeleeff，Mendeleyev等。

灯泡中通常含有稀有气体氩气。稀有气体（第18族元素）很少与其他元素反应，因此，它们是最后一族被发现并被添加到元素周期表中的元素。

量。价电子是由原子最外电子壳层上的电子数决定的。原子共享或转移这些外层电子，从而与其他原子形成化学键。卤素具有相似的性质，因为它们的最外电子壳层上都有7个电子，而且它们都很容易再获得1个电子，从而与其他元素成键。相比之下，碱金属具有相似的理化性质，因为它们的最外电子壳层上只有1个电子，而且它们都很容易给出1个电子，从而与其他元素成键。

门捷列夫试图将相似的元素排列到一

起。他把当时已知的 61 种元素按原子质量增加的顺序排列在一张图表中。门捷列夫发现，具有相同化合价的元素位于元素周期表的同一列中。门捷列夫绘制出了元素周期表的基本雏形。他在 1869 年公开了他的发现，并在 1871 年制作了一个修订版的元素周期表，将元素分为 8 族。

尽管打乱了原子质量的顺序，但他还是把元素移到了元素周期表中的新位置。这就是门捷列夫的伟大成就之一。用这种方法，他保持了元素的价序。然而，他最大的成就也许是描述了那些尚未被发现的元素。

德米特里·门捷列夫

1834 年 2 月 8 日，德米特里·伊万诺维奇·门捷列夫出生于西伯利亚的托波尔斯克。小时候，他就表现出了科学家的天赋。他的母亲试图为他在大学里找份工作，但门捷列夫被莫斯科和圣彼得堡的大学拒之门外。最终，在 1850 年，他成为圣彼得堡学院的见习科学教师，并以优异的成绩毕业。1855 年，他在黑海附近的辛菲罗波尔找到了一份科学教师的工作。一年后，门捷列夫回到圣彼得堡，完成了硕士学位的学习。1859 年，他前往欧洲的实验室工作。1861 年回到俄国后，门捷列夫专注于学术事业，成为圣彼得堡大学的化学教授。1869 年，他发表了第一版的元素周期表。门捷列夫获得了世界各地的大学颁发的许多奖项。1906 年，他只差一票就能获得诺贝尔化学奖。他生命的最后几年在度量衡局担任局长。1907 年，他在圣彼得堡去世。

填充空格

门捷列夫相信元素周期表的自然顺序。然而，他的元素周期表中存在空格，因此，他推断这些空格一定代表着尚未被发现的元素。他甚至预测了这些元素的理化性质。

在门捷列夫的元素周期表中，铝的下面就有一个空格，所以他将其命名为 eka-aluminum，即后来发现的元素镓，eka 在梵文中是"一"的意思，eka-aluminum 表示该元素在元素周期表中距离铝只有一个位置。

这个元素是法国科学家保罗-埃米尔·勒科克·德·布瓦博德兰（Paul-Emile Lecoq de Boisbaudran，1838—1912）在 1875 年发现的。为了表达对祖国的敬意，他将其命名为镓（Gallium——Gallia是法国的拉丁名）。

1879年，瑞典化学家拉尔斯·弗雷德里克·尼尔森（Lars Fredrik Nilson，1840—1899）发现了门捷列夫预测的一种元素eka-boron。他以拉丁语中表示 斯堪的纳维亚（Scandinavia）的词语把它命名为钪（Scandium）。1886年，德国化学家克莱门斯·温克勒（Clemens Winkler，1838—1904）发现了门捷列夫预测的元素eka-silicon。温克勒将它命名为锗（Germanium），因为德国的拉丁名为Germania。所有新元素的理化性质都与门捷列夫预测的相符。

德米特里·门捷列夫绘制了许多关于元素周期表的草图。第一版的元素周期表最终在1869年出版。他根据原子质量对元素进行排序，并为他预测的元素留下了空格，以待后人填充。

一组新的气体

1895年，英国化学家约翰·威廉·斯特拉特（John William Strutt，1842—1919），也就是后来的瑞利勋爵（Lord Rayleigh），和苏格兰化学家威廉·拉姆齐（William Ramsay，1852—1916）发现了氩气。门捷列夫的元素周期表中似乎没有适合这种新元素的位置。拉姆齐认为一定存在与氩气类似的气体，并着手寻找它们。1895年，他发现了氦气。1898年，拉姆齐和英国化学家莫里斯·特拉弗斯（Morris Travers，1872—1961）一起发现了氖、氪和氙。4年后，门捷列夫修改了他的元素周期表，把这组新的气体（第18族元素）放在元素周期表的末尾。化学家最初将这类元素命名为"惰性气体"，因为它们不与其他元素发生反应。现在，惰性气体被称为"稀有气体"，因为它们在某些情况下确实会与其他元素发生反应。

1911年，出生于新西兰的英国物理学家欧内斯特·卢瑟福（Ernest Rutherford，

1871—1937）进行了一项重要的实验。这项实验揭示，原子的中心是由一个致密的带正电荷的原子核组成的。

两年后，英国物理学家亨利·莫塞莱（Henry Moseley，1887—1915）使用一种叫作"电子枪"的机器向不同元素的原子发射电子。他发现，这些元素会发出 X 射线，即波长较短的高能辐射。这些 X 射线的特征取决于原子核中质子的数量。莫塞莱记录下了许多元素的质子数（现在被称为"原子序数"）。然后，他将所有已知元素按质子数增加的顺序制成一张图表。与门捷列夫一样，莫塞莱也在他的图表中留下了空格，并预测了两种新的元素。后来科学家发现了这两种缺失的元素——锝和钷。莫塞莱还纠正了一些与原子质量有关的错误。

科学家们认为，海蓝宝石中含有少量的钪，所以呈蓝色。在钪被发现之前，门捷列夫就利用元素周期表预测了它的存在和性质。

原子质量问题

原子质量是原子核中质子和中子数量的总和。一种元素的原子总是包含相同数量的质子，但它们可能有不同数量的中子。这些原子的不同形式被称为"同位素"。元素周期表是按照原子序数，而非原子质量排列的。门捷列夫当时还不知道质子和中子，但幸运的是，原子质量和原子序数大致是按比例增加的。

目前，元素周期表上有118种元素。1～92 号元素是地球上天然存在的元素。93～118 号元素大多是合成的，只有极少数存在于自然界。这些元素被称为"超铀元素"，因为在元素周期表上，它们排在第92号元素铀之后。

电弧焊利用电流产生火花状电弧，使金属熔化进而合在一起。氩有时用于电弧焊，因为它是稀有气体，不会与熔融的金属发生反应。

科学词汇

原子质量： 原子核中质子和中子的数量的总和。

原子序数： 原子核中的质子数。

稀有气体： 一组很少与其他元素发生反应的气体。

化合价： 又称"原子价"，数值上等于该原子或原子团可能结合的氢原子或氯原子的数目。

阅读元素周期表

元素周期表根据原子的理化性质把所有的化学元素组织成一个简单的图表。

元素按照原子序数增加的顺序排列。一行为一个周期，一列为一个族。一般来说，同一族的元素具有相似的理化性质。元素周期表的结构是由原子中的电子排列决定的。

基本的顺序

元素的原子序数是该元素原子核中的质子数。氢原子的原子核中只有一个质子，说明氢的原子序数是1，所以氢排在元素周期表的第1位。氦原子的原子核中有两个质子，说明它的原子序数是2，所以它在表中排第2位，位于氢之后。铀原子的原子核中有92个质子，说明铀的原子序数是92，所以铀在元素周期表中排在第92位。

元素周期表

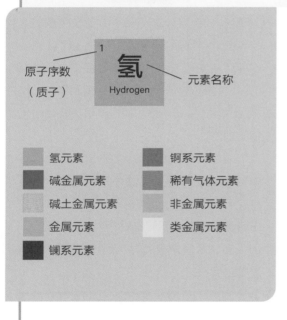

原子序数（质子）　元素名称

氢元素
碱金属元素
碱土金属元素
金属元素
镧系元素
锕系元素
稀有气体元素
非金属元素
类金属元素

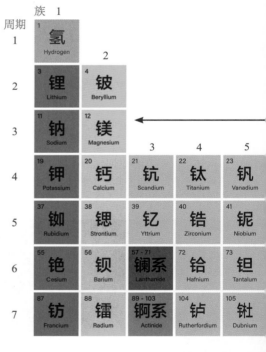

按照原子序数排列元素消除了门捷列夫按照原子质量排列元素时遇到的问题。在元素周期表的每一行中，从左到右，每个元素的原子序数增加1。排在下面的元素的原子序数比排在上面的元素的原子序数大。以这样的顺序排列，化学家可以确保没有缺少原子序数，也没有缺少元素。

科学词汇

族： 元素周期表中的一列元素。

类金属元素： 一种同时具有金属元素和非金属元素性质的元素。

周期： 元素周期表中的一行元素。

过渡金属

					13	14	15	16	17	18
										2 氦 Helium
					5 硼 Boron	6 碳 Carbon	7 氮 Nitrogen	8 氧 Oxygen	9 氟 Fluorine	10 氖 Neon
8	9	10	11	12	13 铝 Aluminum	14 硅 Silicon	15 磷 Phosphorus	16 硫 Sulfur	17 氯 Chlorine	18 氩 Argon
26 铁 Iron	27 钴 Cobalt	28 镍 Nickel	29 铜 Copper	30 锌 Zinc	31 镓 Gallium	32 锗 Germanium	33 砷 Arsenic	34 硒 Selenium	35 溴 Bromine	36 氪 Krypton
44 钌 Ruthenium	45 铑 Rhodium	46 钯 Palladium	47 银 Silver	48 镉 Cadmium	49 铟 Indium	50 锡 Tin	51 锑 Antimony	52 碲 Tellurium	53 碘 Iodine	54 氙 Xenon
76 锇 Osmium	77 铱 Iridium	78 铂 Platinum	79 金 Gold	80 汞 Mercury	81 铊 Thallium	82 铅 Lead	83 铋 Bismuth	84 钋 Polonium	85 砹 Astatine	86 氡 Radon
108 𬭩 Hassium	109 鿏 Meitnerium	110 𫟼 Darmstadtium	111 𬬭 Roentgenium	112 鎶 Copernicium	113 鿭 Nihonium	114 𫓧 Flerovium	115 镆 Moscovium	116 𫟷 Livermorium	117 鿬 Tennessine	118 𫠣 Oganesson

62 钐 Samarium	63 铕 Europium	64 钆 Gadolinium	65 铽 Terbium	66 镝 Dysprosium	67 钬 Holmium	68 铒 Erbium	69 铥 Thulium	70 镱 Ytterbium	71 镥 Lutetium
94 钚 Plutonium	95 镅 Americium	96 锔 Curium	97 锫 Berkelium	98 锎 Californium	99 锿 Einsteinium	100 镄 Fermium	101 钔 Mendelevium	102 锘 Nobelium	103 铹 Lawrencium

铍元素的主要来源之一是一种被称为"绿柱石"的矿物,它由铝、硅和氧组成。绿柱石的一种晶体形式是海蓝宝石。

对元素的特征描述得很全面,有的甚至描述了多达 20 个特征,如电子排列方式、元素在常温常压下的状态等。许多现代元素周期表会用不同的颜色来区分金属、非金属和类金属。

还有的元素周期表对特定的族用不同的颜色来表示,例如,碱金属元素用一种颜色表示,碱土金属元素用另一种颜色表示。

它说明了什么?

元素周期表的每个方框代表一种元素。方框必须显示元素的原子序数、名称和元素符号。

除此之外,没有严格的规定。元素的原子质量有时也包括在内,因为它反映了元素周期表的历史。有些版本的元素周期表

行为周期

元素周期表共有 7 行,即 7 个周期。第 1 周期的元素为氢和氦。接下来的是两个短周期,分别为第 2 周期和第 3 周期,各有 8 种元素。第 2 周期从锂(原子序数 3)开始,到氖(10)结束。第 3 周期从钠(11)开始,到氩(18)结束。然后是两个较长的周期,各有 18 种元素。第 4 周期从钾(19)开始,到氪(36)结束。第 5 周期从铷(37)开始,到氙(54)结束。第 4 和第 5 周期里

原子结构

下图显示了铍的原子结构与它在元素周期表中的表示形式之间的关系。

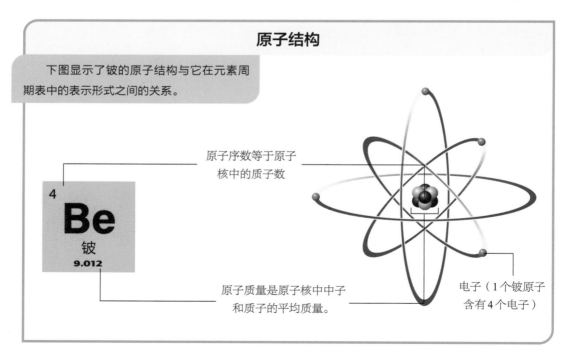

原子序数等于原子核中的质子数

原子质量是原子核中中子和质子的平均质量。

电子(1 个铍原子含有 4 个电子)

4
Be
铍
9.012

的一些元素被称为"过渡金属"。在第4周期中，过渡金属从钪（21）开始，到锌（30）结束。在第5周期中，过渡金属从钇（39）开始，到镉（48）结束。第6周期包含32种元素，从铯（55）开始，到氡（86）结束。

在大多数现代元素周期表中，15种元素（被称为"镧系元素"）被移到了元素周期表的底部，从而使第6周期的元素减少到17种。这样一来元素周期表不仅适合正常大小的页面，还可以将价电子数相似的元素放在同一列中。价电子取决于外层电子的数量，并决定了元素的化学反应性。因此，第6周期中过渡金属的最后一种汞（80），位于第5周期中最后一种过渡金属镉的正下方。

碳、氮和氧是第2周期的3种元素，对动植物的生存和生长有着至关重要的作用。碳、氮和氧占所有生物干重的90%。

第7周期也是一个很长的周期，共有32种元素，最后一种元素是人造元素氮（118）。

第7周期将15种元素（被称为"锕系元素"）移到元素周期表的底部。这些元素中的很多是放射性元素，而且半衰期很短。93～118号元素大多是科学家在实验室创造出来的，只有极少数存在于自然界。

列为族

原子最外电子壳层上电子数相同的元素通常在同一列中，被称为"族"。

氢元素在第1族的最上面，但它实际

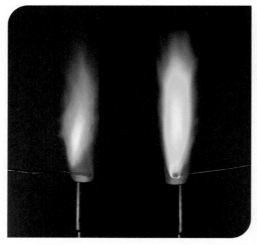

焰色试验，即将样品置于火焰中使火焰呈现特殊颜色的试验，可用于鉴别元素。上图中，左边是铜，燃烧时发出绿色火焰；右边是钠，燃烧时发出黄色火焰。

上并不属于第1族。实际上，第1族从锂（3）开始，到钫（87）结束。与氢不同的是，第1族的元素都是质地柔软的金属。它们都可以与水反应，生成碱性的氢氧化物。因此，第1族元素也被称为"碱金属元素"。

第2族的元素从铍（4）开始，到镭（88）结束，均为碱土金属。"土"（earth）这个词是一个古老的术语，指的是第2族金属与氧反应时形成的化合物。"碱土金属"也由此得名。

第3～12族元素包括元素周期表中间的过渡金属元素及元素周期表底部的镧系元素和锕系元素。过渡金属的化学性质比碱金属和碱土金属的化学性质更难预测。一些过渡金属，如钴（27）和铁（26），可以形成许

第2周期

第2周期从锂开始，到氖结束。这一周期的元素从左往右分别是金属（锂、铍）、类金属（硼）、非金属（碳），以及气态非金属（氮、氧、氟、氖），它们的化学性质也依次改变。

3 锂 Lithium	4 铍 Beryllium	5 硼 Boron	6 碳 Carbon	7 氮 Nitrogen	8 氧 Oxygen	9 氟 Fluorine	10 氖 Neon

过渡金属形成的化合物具有多种颜色。这使得它们在玻璃工业中非常实用，常被用来制作彩色弹珠和其他物品。

多不同颜色的化合物。其他的，如金（79）和铂（78），几乎不发生反应，在自然界中可以作为纯金属存在。第13、14、15和16族元素似乎不像前面几族的元素那么明显相关。类金属，如硼（5）和硅（14），以及许多固体非金属，如磷（15）和硫（16），位于第13～16族。卤素位于第17族。第17族元素从氟（9）开始，到础（117）结束。所有的卤素都具有化学反应性，氟是所有元素中化学反应性最强的。

第18族元素从氦（2）开始，到氭（118）结束。门捷列夫最初的元素周期表出版于1869年，当时还没有发现这些气体。门捷列夫在1902年修改了元素周期表，并将稀有气体元素添加到了元素周期表的末尾。第18族元素与大多数元素不发生反应。因此，它们最初被称为"惰性气体"，现被称为"稀有气体"。

编号规则

从元素周期表的顶部到底部，共有7行，即7个周期，简单地编号为1～7。而族则有3种编号系统。第1种编号系统使用罗马数字（Ⅰ、Ⅱ、Ⅲ、Ⅳ、Ⅴ，等等），

氢的位置

在大多数版本的元素周期表中，氢位于元素周期表左上角第1族碱金属元素之上。然而，这有一个问题：氢是气体，而第1族元素都是金属。在其他版本的元素周期表中，氢位于第17族卤素的上方。有时，氢同时出现在这两个族中；有时，它被留在元素周期表的顶部自由移动。氢是一种独特的元素。

试试这个

元素周期表的颜色

在网上搜索几个不同版本的元素周期表。把它们和这本书里的元素周期表比较一下。用打印机把你已经找到的元素周期表打印成黑白的版本，然后把所有的金属元素涂成一种颜色，把气体元素涂成另一种颜色，剩下的既不是金属也不是气体的元素再涂成不同的颜色。

镧系和锕系

在大多数现代版本的元素周期表中，表的底部有两行单独的元素，共30种，每行15种。第1行的15种元素被称为"镧系元素"，第2行的被称为"锕系元素"。将它们放在底部是有原因的。一行排32种元素有点长，普通页面无法容纳。大多数化学家认为镧系元素和锕系元素的化学性质非常相似。

铀是锕系元素之一。它有时被添加到玻璃中。玻璃暴露于紫外线下时，会呈现亮绿色或黄色。

第2种使用罗马数字和字母的组合。1985年，国际纯粹与应用化学联合会（IUPAC）取消了前两种编号系统。

第3种编号系统使用阿拉伯数字1～18，从碱金属（第1族）开始，到稀有气体（第18族）结束。

元素周期表的规律

如今，元素周期表由118种元素组成，分为7个周期和18个族。在常温、常压下，这些元素中有两种是液体（溴和汞），11种是气体，其余的是固体。除了氢和汞，气体和液体都在元素周期表的右边。大多数金属在元素周期表的左边和底部。类金属位于元素周期表的右边，从硼到钋，形成一条对角线。大多数非金属，如碳、氧、氮和卤素，在元素周期表的右边和上面（稀有气体除外）。

因此，同一周期的元素从左到右金属性递减，非金属性递增。第1族碱金属的熔点较低，质地柔软。第2族碱土金属较硬，熔点比第1族中的金属要高。在同一周期中，随原子序数的递增，由元素组成的金属单质的熔点递增，而非金属单质的熔点递减。

科学词汇

沸点： 液体变成气体的温度。
熔点： 固体变成液体的温度。
标准条件： 常温、常压。

以其他名称命名的元素

几个世纪以来，元素的命名对科学家来说都是挑战。

针对发现时间较长的元素，如金、银、汞，大多数国家有自己的名称。例如，法国和希腊称氮为 Azote，德国用 Sauerstoff 表示氧。有些元素使用的各种名字很相似，例如，银在拉丁语中是 Argentume，在意大利语中是 Argento，在法语中是 Argent。

为了避免在国际贸易中引起混淆，并确保各国的科学家在谈论元素时不会产生误解，元素名称已经标准化了。监督这一过程的机构是国际纯粹与应用化学联合会（IUPAC）。一项规定是铝和铯应该用它们的英式拼写，即 Aluminum 和 Caesium，而硫应该用美式拼写 Sulfur，而不是 Sulphur。在这本书中，Aluminum 的用法贯穿始终。

虽然新元素是在实验室合成的，但是 IUPAC 也参与了命名过程。通常情况下，新元素是由两个或两个以上的实验室联合发现的，他们可能对如何命名新元素有不同的意见。关于如何命名原子序数在 104 ~ 118 的重元素有很多争论。但是，现在已经统一，它们分别被命名为𬬻（104）、𬭊（105）、𬭳（106）、𬭛（107）、𬭶（108）、鿏（109）、𫟼（110）、𬬭（111）、鿔（112）、鿭（113）、𫓧（114）、镆（115）、𫟷（116）、鿬（117）和𫠊（118）。

以地点命名的元素

镅 Americium——美洲 Americas

锫 Berkelium——美国加利福尼亚州的伯克利 Berkeley

锎 Californium——美国加利福尼亚州 California

𫓧 Darmstadtium——德国的达姆施塔特 Darmstadt

𬭊 Dubnium——俄罗斯的杜布纳 Dubna

铕 Europium——欧洲 Europe

𫓧 Flerovium——俄罗斯的弗廖罗夫核反应实验室 Flerov Laboratory of Nuclear Reactions

钫 Francium——法国 France

镓 Gallium——法国的拉丁名 Gaul

铪 Hafnium——丹麦哥本哈根的拉丁名 Hafnia

钬 Holmium——瑞典斯德哥尔摩的拉丁名 Holmia

𬬭 Livermorium——美国加利福尼亚州的利弗莫尔 Livermore

镥 Lutetium——法国巴黎的拉丁名 Lutetia

镁 Magnesium——希腊的麦格尼西亚 Magnesia

鿭 Nihonium——日本的日文名 Nihon

镆 Moscovium——俄罗斯的莫斯科 Moscow

钋 Polonium——波兰 Poland

锶 Strontium——苏格兰的思特朗蒂安 Strontian

鿬 Tennessine——美国的田纳西州 Tennessee

镱 Ytterbium——瑞典的伊特比村 Ytterby

以人或神命名的元素

𬭛 Bohrium——尼尔斯·波尔（Niels Bohr）

锔 Curium——皮埃尔·居里（Pierre Curie）和玛丽·居里（Marie Curie）

锿 Einsteinium——阿尔伯特·爱因斯坦（Albert Einstein）

镄 Fermium——恩里科·费米（Enrico Fermi）

氦 Helium——古希腊神话中的太阳神赫利奥斯（Helios）

钔 Mendelevium——德米特里·门捷列夫（Dmitry Mendeleyev）

铌 Niobium——古希腊神话中的女性人物尼俄伯（Niobe）

锘 Nobelium——阿尔弗雷德·诺贝尔（Alfred Nobel）

𫠊 Oganesson——尤里·奥加涅相（Yuri Oganessian）

𬬻 Rutherfordium——欧内斯特·卢瑟福（Ernest Rutherford）

𬭳 Seaborgium——格伦·西博格（Glenn Seaborg）

硒 Selenium——古希腊神话中的月亮女神塞勒涅（Selene）

碲 Tellurium——地球的拉丁名 Tellus

钍 Thorium——挪威神话中的战神（Thor）

钒 Vanadium——挪威神话中的美丽女神瓦纳迪斯（Vanadis）

金属的性质

大多数元素是金属，我们看到的许多东西也是金属，如曲别针和喷气式飞机。金属也能形成许多重要的化合物。这些化合物可以制造染料和肥皂，甚至人体也含有这些金属化合物。

地球上将近3/4的元素是金属。人类使用金属已经有几千年的历史。如今，随着科学技术的发展，人们利用金属来制造摩天大楼、宇宙飞船、药品和油漆。

5000多年前，人们开始使用金属制造工具。历史学家称那个时代为青铜时代，因为大多数金属制品是用青铜制成的。青铜是铜和锡的混合物，铜和锡都是相对柔软的金属。正因如此，青铜制品才不如铁制品坚固。然而，在青铜时代，人们创造的工具很多，足以帮助他们生存。

大约公元前1900年，铁器时代到来了。人们开始使用铁。铁制的工具和武器比用青铜制的更坚固、更有用，拥有铁制武器的人们可以击败只有青铜武器的人们。

在铁器时代，人口迁移横跨亚欧大

陆。因为人们学会了使用铁制作工具和武器，所以他们的文明变得更强大，他们的领土也越来越大。铁仍是当今最常用的金属。95%的金属物品是由铁制成的。

遇见金属

金属没有严格的定义，但是金属往往具有许多相似的性质。在正常情况下，金属是固体；在高温下，它们会熔化和沸腾；它们是有光泽的，很柔软，还具有延展性；它们可以被拉伸成细线；它们也是良好的导体，也就是说，电流和热量很快就会穿过它们。

地球上自然存在的元素有65种是金属。铁（Fe）和镍（Ni）是地球上最常见的金属。地心是指地球的中心部分，主要由铁、镍组成。在地壳中，铝（Al）是最常见的，其次是铁、钠（Na）、钾（K）和镁（Mg）。与大多数其他金属一样，这些元素

科学词汇

合金：一种金属与另一种或几种金属或非金属（如碳元素）的混合物。

金属：具有特殊光泽而不透明、具有延展性及导热导电性的一类物质。

类金属：一种同时具有金属和非金属元素性质的元素。

矿石：可从中提取有用组分或其本身具有某种可被利用的性能的矿物集合体，可分为金属矿物、非金属矿物。

等待回收的空金属罐。金属是非常有用的物质，我们在日常生活中经常会用到金属。

以矿石的形式存在。

矿石是指含有大量金属的天然化合物或矿物。化合物是由两种或两种以上元素的原子在化学反应中结合而成的纯净物。有些金属，如金和银，以单质的形式存在于自然界，而非以矿石的形式存在。

其他金属需要从矿石中精炼出来。精炼是指通过除去不需要的元素来提纯金属的过程。大多数金属被提纯后会被制成合金。合金是指一种金属与另一种或另几种金属或非金属（如碳元素）的混合物。例如，黄铜是铜和锌的合金。

类金属共有 7 种元素。这些元素同时具有金属和非金属的特性。它们有时也被称为"半金属"。硅（Si）是最常见的类金属。让类金属与众不同的是，它们大多数是

丰富的颜色

金属的一些用途是显而易见的，如制造电线和螺栓。其他的用途并没有如此显而易见，比如，口红、染料和油漆等物品中都含有金属。这些物品的颜色都来自金属。有些金属可以制造不同的颜料。铬可以制造黄色、红色和绿色颜料。

颜料的颜色是由含有金属原子的物质产生的。

半导体——在特定条件下才可以导电。在其他时候，它们是绝缘体，可以阻止能量的流动。

排列金属

地球上有许多不同类型的金属，化学家根据它们的原子结构和性质将它们分组。这对化学家很有帮助。要了解不同类型金属的性质，最简单的方法是使用元素周期表。

元素周期表提供了单个元素和某一族元素的信息。

金属元素在元素周期表的左边，非金属元素在右边。元素周期表中一半以上的元素是金属元素。元素周期表可以显示元素化学性质变化的趋势。

金属元素和非金属元素的界限是一条贯穿元素周期表左侧的对角线，这条对角线从铝（Al）开始，到钋（Po）结束。

在元素周期表中，元素按列排列，称

锂是最简单的金属。它存在于形成恒星的巨大的气体云和尘埃云中。

为"族"。每一族都有一个序号，用来表示这一族在元素周期表中的位置。同一族元素的原子有相似的结构。正是原子的结构决定了元素的化学反应性和成键的模式。本书介绍了5种类型的金属。

金属原子的内部

包括金属在内的所有元素都是由原子构成的。原子的结构很重要，因为它决定了这种元素与其他元素结合的方式。元素成键的方式决定了它的很多性质。

原子的中心是原子核。原子核呈球形，由带正电荷的粒子（称为"质子"）和电中性的粒子（称为"中子"）组成。质子使原

星尘

科学家们认为，只有氢、氦、锂这3种元素是在约140亿年前宇宙大爆炸初期产生的。当时产生了大量的氢气和氦气，但也产生了少量的金属锂。锂是所有金属中最轻的，也是原子最小的。它可以漂浮在水和油中。

电子壳层

所有金属原子的外层电子都很少。有些金属的原子有3个或4个外层电子，但是，大多数金属的原子只有1个或2个外层电子。因此，这些金属的行为和反应方式类似。

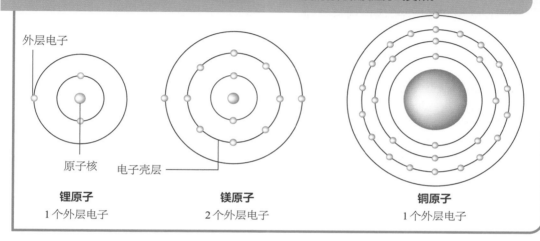

锂原子
1个外层电子

镁原子
2个外层电子

铜原子
1个外层电子

（外层电子、原子核、电子壳层）

子核带正电荷。带相反电荷的粒子互相吸引，而带相同电荷的粒子互相排斥。因此，原子核会吸引带负电荷的电子。电子围绕原子核旋转。参与化学反应的是原子中的电子。

失去或获得电子

电子在环绕原子核的电子壳层中运动。较大的原子比较小的原子有更多的电子。它们的电子壳层更多。

一般来说，电子从原子核向外依次填满壳层。最小的一层离原子核最近，而下一层较大，可以容纳更多的电子；每一个新的壳层都离原子核更远，也更大。位于最外电子壳层上的电子（价电子）是参与化学反应的电子。一个原子的价电子数决定了该原子如何与其他原子成键。

当一个原子成键时，它给出、获得或与其他原子共享电子，从而使自己变得稳

上图为青铜雕像。青铜是由铜和锡两种金属制成的合金。青铜制品已有5000多年的历史。现在，青铜仍然被用来制造许多日常用品。

科学词汇

原子：物质结构的 1 个层次，由带正电荷的原子核和带负电荷的核外电子组成。

化学键：分子中原子间存在的一种把原子结合起来的作用力。

电子壳层：原子或分子中能量简并的原子轨道或分子轨道。

元素：具有相同核电荷数（质子数）的同一类原子的总称。

原子核：原子的核心，含有质子和中子。

价电子：原子中容易与其他原子相互作用形成化学键的电子。

定。稳定的原子的最外电子壳层要么是充满电子的，要么是空的。外层电子接近饱和的原子不会轻易给出电子。相反，它会从其他原子那里获得电子，从而变得稳定。外层电子数量较少的原子很容易失去电子，这使得它的最外电子壳层是空的，原子更加稳定。

大多数金属原子只有 1 个或 2 个价电子，少数有 3 个或 4 个价电子。因此，金属

原子通常会给出电子来成键，所以，金属的性质都很相似。

金属键

金属由金属键连接在一起。金属原子彼此共享外层电子时，就形成了金属键。最外电子壳层上的电子脱离原子，形成"电子海洋"。"电子海洋"包围着金属原子。每个自由电子都被它周围的几个原子核所吸引。因为电子同时受到各个方向的吸引力，所以，"电子海洋"就像"胶水"一样，将金属原子"粘"在一起。"电子海洋"可以在金属原子中流动。正因如此，金属才具有许多物理特性，如导电性。

金属的性质

金属元素有许多共同的性质。

- **固体和光泽**：紧密排列的金属原子形成固体，能够很好地反射光线，使金属看起来有光泽。
- **可弯曲性**：束缚金属原子的"电子海洋"可以四处流动。原子不能被固定在

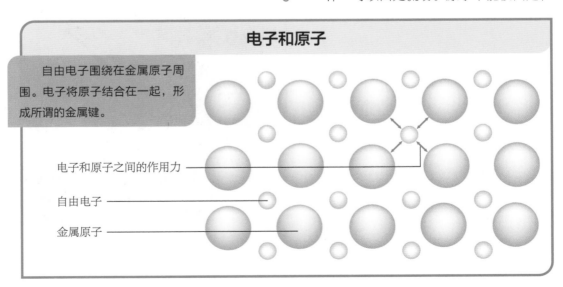

电子和原子

自由电子围绕在金属原子周围。电子将原子结合在一起，形成所谓的金属键。

电子和原子之间的作用力

自由电子

金属原子

金属有许多共同的性质，但它们之间也有许多不同。水银可能是最不寻常的金属，因为它在常温、常压下是液体。

一个地方，所以金属可以弯曲或被锤打成新的形状而不断裂。

- **延展性：** 当金属被拉伸成线时，"电子海洋"继续围绕着原子流动。因此，即使把金属拉伸成很细很细的电线，金属键也可以把它们连在一起。
- **导电性：** "电子海洋"是不断移动的。如果使电子向一个方向流动，它们就会形成电流。
- **高熔点和高沸点：** 金属键很强大，所以固体金属通常很坚固。需要大量的热能才能打破金属键，使固体金属熔化成液体，而将液体金属变成气体则需要更多的热能。

金属的反应

有些金属具有化学反应性，因为它们很容易给出或共享它们最外电子壳层的电子。与金属有关的两种常见的化学反应是化

黄金和贪婪

1438—1533 年是南美洲印加文明的鼎盛时期。那里的人们在安第斯山脉用石头建造了大城市。他们的建筑令人惊叹，他们在建造这些建筑时没有使用金属工具，因为他们不会提纯铜或铁。相反，他们用坚硬的石头来制造锤子、斧头和其他工具。然而，印加人确实大量使用了一种金属——黄金。印加人把黄金称为"太阳的汗水"。他们用黄金来做杯子、珠宝和雕像，但黄金太软了，不能用于制作工具；而且印加人认为黄金太普通了，并不值钱。然而，第一批到达秘鲁的欧洲人却有着不同的价值观。

西班牙探险家于 1526 年首次抵达秘鲁。他们看到印加人拥有大量的黄金，于是，1532 年他们再次来到这里。印加人用精美的布料欢迎客人，但西班牙侵略者弗朗西斯科·皮萨罗（约1475—1541）对黄金更感兴趣。皮萨罗囚禁了印加国王阿塔瓦尔帕，强迫印加人支付巨额赎金。印加人支付了一屋子的黄金和两屋子的白银，但皮萨罗最终还是处决了阿塔瓦尔帕。

科学词汇

化合物： 两种或两种以上元素的原子结合在一起时形成的纯净物。

导电性： 物质传导电流的能力。

延展性： 材料在受力产生破裂之前塑性变形的能力。

合反应和置换反应。

在这些反应中，金属原子变成离子。离子是失去或获得一个或多个电子的原子。

把固体金属熔化成液体需要大量的热能。当金属熔融变成液体时，它被倒入模具中。当金属冷却下来时，它会变得非常坚硬。

金属的化学反应性

可以根据金属的化学反应性来制作金属列表。化学反应性最强的金属在顶部，最弱的在底部。金属的化学反应性取决于它们失去外层电子的难易程度。

Potassium 钾		
Sodium 钠		与水反应
Calcium 钙		
Magnesium 镁		
Aluminum 铝		
Zinc 锌		
Iron 铁		与酸反应
Tin 锡		
Copper 铜		
Mercury 汞		
Silver 银		
Gold 金		不与水或酸反应
Platinum 铂		

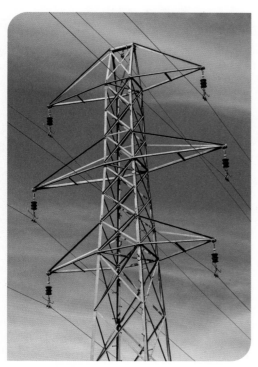

金属的用途非常广泛。这些电力塔是由钢制成的，它们非常坚固。有时钢的表面还会涂一层锌，以防止其生锈。电力塔之间的电线是由铝制成的。铝导电性良好，而且很轻。

金属原子失去外层电子，形成带正电荷的离子。在反应过程中，从金属那里获得电子的原子变成带负电荷的离子。

带相反电荷的离子相互吸引。这种吸引力在离子之间形成离子键，从而形成离子化合物。金属将一个或多个电子给予非金属时，通常会形成离子化合物。

氯化钾（KCl）就是常见的离子化合物，它是由钾（K）和氯（Cl）反应产生的。

钾有一个价电子要给出，所以它的化学反应性很强。氯气是一种非金属气体。氯原子需要得到一个电子才能变得稳定。如果将钾和氯放在一起，钾原子就会给出它的外层电子，而氯会得到这个外层电子，化学方程式如下：

$$2K + Cl_2 = 2KCl$$

化学反应性

有些金属的化学反应性比其他金属强。它们更容易失去外层电子，因此金属原子经常会参与置换反应。当一种化学反应性强的元素取代化合物中化学反应性较弱的元素时，置换反应就会发生。例如，钾比钙（Ca）的化学反应性更强。纯钾与氯化钙（CaCl$_2$）反应产生纯钙和氯化钾。但是，纯钙的化学反应性较弱，不足以取代其他化合物中的钾。

碱金属

最常见的碱金属是钠和钾。食盐、泡打粉、硼砂和火药等许多常见的化合物中都含有这些元素。

元素周期表左边第 1 列（氢元素除外）的元素被称为"碱金属元素"。该族共有 6 种金属元素，分别是锂（Li）、钠（Na）、钾（K）、铷（Rb）、铯（Cs）和钫（Fr）。前 5 种碱金属元素是在 19 世纪被发现的，当时科学家们从自然界发现的化合物中提取出了它们。钾和钠是由英国化学家汉弗莱·戴维（Humphry Davy，1778—1829）在 1807 年发现的。锂是由瑞典人约翰·阿维德森（Johan Arfwedson，1792—1841）在 1817 年发现的。德国人罗伯特·本生（Robert Bunsen，1811—1899）在 1861 年发现了铯和铷。钫于 1939 年被发现，但它是地球上第二稀有的元素（最稀有的元素是砹），人们对它知之甚少。

尽管每个化学家使用不同的方法来发现元素，但他们意识到，这些新元素具有相似的原子结构，并且它们的理化性质也类似。例如，它们的许多化合物是碱性的，正因如此，它们也被称为"碱金属"，而且它们比大多数其他金属要软得多。

肥皂化合物含有碱金属钠和钾。这些化合物与水混合时会形成气泡。

原子结构

碱金属元素原子的最外电子壳层上只有 1 个电子。因此，它们很容易给出这个电子，从而变得更稳定。氢的最外电子壳层上也只有 1 个电子，有时被归到第 1 族。然而，氢是非金属。正是碱金属的外层电子使

碱金属的化合物

名称	化学式	俗名	用途
氯化钠	$NaCl$	食盐	用于食物调味
碳酸氢钠	$NaHCO_3$	小苏打	有助于烘烤的食物发酵
氢氧化钠	$NaOH$	液碱	用于制造肥皂
碳酸钾	K_2CO_3	钾碱	用于制造玻璃、搪瓷和肥皂
氯化钾	KCl	—	用作植物肥料
硝酸钾	KNO_3	一种硝石的成分	用于制造火药、玻璃

碱金属具有了很强的化学反应性。在化学反应中，化学反应性强的元素很容易与其他原子成键。

碱和酸

之所以将它们称为"碱金属"，是因为它们形成的化合物是碱性的。这些化合物是离子化合物，由带相反电荷的离子相互吸引而成。碱含有大量带负电荷的氢氧根离子（OH⁻）。碱性化合物中的阳离子通常是金属离子。例如，氢氧化钠（NaOH）是由钠

科学词汇

碱：含有大量氢氧根离子的化合物。

化学反应：不同元素的原子结合或分开形成新物质的过程。

离子：失去或获得一个或多个电子的原子。

离子（Na⁺）和氢氧根离子结合而成的。

酸是碱的反义词。它有很多氢离子（H⁺）。当碱与酸反应时，氢氧根离子和氢离子结合形成水（H_2O）。除了氢氧根离子和氢离子，酸碱化合物中的其他离子也会形成另外一种生成物，化学家称之为"盐"。例如，氢氧化钠和盐酸（HCl）反应生成水和氯化钠（NaCl）。氯化钠是食盐，可用于给食物调味。这个反应的化学方程式是这样的：

$$NaOH + HCl = NaCl + H_2O$$

化学家用 pH 值来衡量物质的酸碱性。pH 值的范围为 0～14。pH 值低于 7 的是酸，高于 7 的是碱。水的 pH 值是 7，所以它是中性的，既不是酸，也不是碱。

性质

因为所有的碱金属都有相似的原子结构，所以它们从外观上看起来很像，性质也很类似。

化学家用 pH 试纸来测试物质的 pH 值。碱使 pH 试纸变蓝，酸使 pH 试纸变红，中性化合物使 pH 试纸变绿。

提纯碱金属

碱金属非常活泼。虽然许多碱金属很常见，但它们总是以与其他元素结合形成化合物（如食盐）的形式存在于自然界中。化学家无法使用化学反应来提纯碱金属，而需要使用电流来提纯。电流通过某些化合物，将其中的元素分离出来的过程叫"电解"。即使是像碱金属这样化学反应性很强的元素，也能以这种方式分离出来。然而，化学反应性更强的元素需要更大的电流。

在电解过程中，正极和负极浸泡在含有要分离的液态化合物中。两根电极分别吸引带相反电荷的粒子，从而破坏化合物的化学键，分离出不同的成分。这是汉弗莱·戴维于1807年发明的技术，他首先提纯了碱金属。戴维用伏打电堆来产生电流，利用电解提纯了钾，然后又提纯了钠。戴维的助手迈克尔·法拉第（Michael Faraday，1791—1867）继续研究电学，后来又发明了电动机。

科学词汇

离子键： 带相反电荷的离子互相吸引时形成的键。

分子： 两个或两个以上原子结合在一起形成的可独立存在的电中性实体。

盐： 碱与酸反应时，由阳离子和阴离子组合而成的化合物。

碱金属具有以下理化性质：

- **柔软：** 所有的碱金属都很柔软，用钢刀就可以把它们切割开。碱金属元素原子的体积和质量越大，碱金属就越软。所以，按照元素周期表从上往下的顺序，碱金属变得越来越软。铯在室温下几乎是液态的。碱金属很柔软，因为它们的金属键较弱。碱金属原子中只有一个电子形成电子海洋，所以电子在原子间分布得很少，这使原子结合在一起的化学键很不牢固。

- **光泽：** 所有碱金属都有光泽。大多数是银灰色的，但铯有金色的光泽。

- **良导体：** 所有碱金属都具有良好的导热性和导电性。

- **独特的颜色：** 当碱金属被加热时，它们会产生特殊颜色的火焰。锂燃烧时呈暗红色，钠燃烧时呈黄色，钾燃烧时呈淡紫色，铷燃烧时呈红色，而铯燃烧时产生蓝色火焰。

- **化学反应性强：** 碱金属一般被储存在煤油中，以防止其与空气中的氧气发生反应。有些反应非常迅速和强烈，会放出热量并产生气体，甚至会引起爆炸。碱金属的原子体积越大，碱金属的化学反应性越强，因为体积较大的原子在反应过程中更容易失去那个外层电子。

键的形成

碱金属元素原子的单个外层电子是它们与其他元素发生反应的关键。为了变得稳定，碱金属元素的原子必须清空它的最外电子壳层，即失去它唯一的外层电子。它通过形成离子化合物来达到这一目的。

碱金属元素的原子把一个电子给了非金属元素的原子，就会产生离子化合物。给出一个电子的原子失去了一个负电荷，变成了一个阳离子；得到一个电子的原子获得了

化学反应性

碱金属的原子体积越大，其化学反应性越强。在像锂这样较小的原子中，最外电子壳层上的电子更接近原子核。因此，电子被牢牢地固定在原地，不太容易参与化学反应。在像钾这样较大的原子中，最外电子壳层上电子离原子核稍远，更容易被失去，从而发生反应。

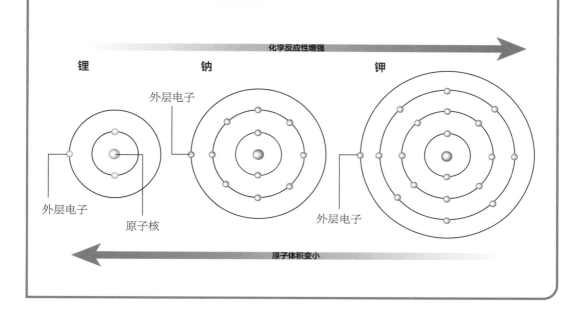

化学反应性增强

锂　　　　　钠　　　　　　钾

外层电子

外层电子　原子核　　　　　外层电子

原子体积变小

一个额外的负电荷，变成了一个带负电荷的阴离子。带相反电荷的离子相互吸引，导致它们之间形成离子键，生成一种化合物。

氯化钠就是这样由钠和氯（Cl）合成的。钠是一种典型的碱金属。它需要失去一个电子才可以变得稳定。氯气是一种非金属气体，其原子需要得到一个电子才能填满它的最外电子壳层，从而变得稳定。如果把钠和氯放在一个容器里，钠会失去它的外层电子，变成阳离子 Na^+，而氯会得到这个电子，变成阴离子 Cl^-。Na^+ 与 Cl^- 结合形成化合物 NaCl，即食盐。该反应可以表示为：

$$2Na + Cl_2 = 2NaCl$$

碱的形成

碱金属重要的反应之一是与水的反应。这个反应产生了主要的碱性化合物。在大多数情况下，反应是剧烈的，会爆炸起火。铯的反应非常剧烈，甚至可以震碎一个厚厚的玻璃容器。锂是化学反应性最弱的碱金属，与水反应较慢。当你把锂加入水中时，锂原子与水中的氧原子和氢原子结合，变成锂离子（Li^+）和氢氧根离子（OH^-）。这些离子结合形成氢氧化锂（LiOH）。水里剩下的氢原子成对形成氢气（H_2）。这些氢气以气体的形式释放出来。这个反应的化学方程式如下：

$$2Li + 2H_2O = 2LiOH + H_2$$

火箭的嘶嘶声

碱金属的化学反应可以为自制火箭提供动力。你需要一个硬纸筒（如卫生纸内筒）、一个空的薄膜罐、一个纸盘子、一些水和半片碳酸氢盐消化片。把盘子放在外面空旷的地方，用胶带把硬纸筒固定在盘子上。向薄膜罐里倒入一半水，然后将半片消化片放入其中，迅速盖上盖子，确保盖紧。把薄膜罐倒过来，插进硬纸筒里。迅速往后站。注意：不要向下看硬纸筒。

几秒钟后，薄膜罐会被发射到空中，里面的水会溢到硬纸筒和盘子里。如果你想重复这个实验，你需要更换这些材料。消化片中含有碳酸氢钠，它与水发生反应时，会产生二氧化碳气体。气体在罐内积聚。最终，气体的压力变得非常高，气体会把罐盖推开。当气体冲出来的时候，它会推动罐子通过发射装置上升到空中。

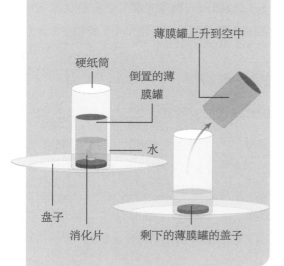

薄膜罐上升到空中

硬纸筒

倒置的薄膜罐

水

盘子

消化片

剩下的薄膜罐的盖子

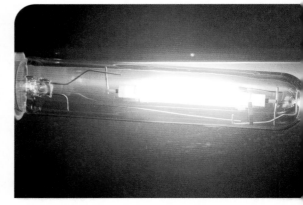

这盏高压钠灯的黄光是由钠气产生的。当电流通过这种钠气时，钠气就会发光。

来源

钠和钾是两种重要的碱金属，也是地球上含量第6和第7的元素。钠盐和钾盐溶解在海水中。

钠占海水总量的1%以上，相对而言，钾就不那么常见了。许多矿物和岩石中含有这两种碱金属的化合物。

其他碱金属相当稀有。钫具有放射性，它会衰变成其他元素的原子。碱金属在自然界中都不以纯元素的形式存在，因为它们非常活泼。相反，它们以盐的形式出现。盐是酸与碱反应时形成的化合物。

钠最常见的化合物是氯化钠（食盐）。其他的盐包括硝石（$NaNO_3$），它是火药的原料，还可以用于制造玻璃，以及硼砂（硼酸钠，$Na_2B_4O_7$），它曾经被用在肥皂里。

氯化钾（KCl）是最常见的钾盐。另一种钾盐是碳酸钾（K_2CO_3），也被称为"鞑靼盐"。碳酸钾被用来制造钾玻璃、钾肥皂和其他无机化学品。

在大多数情况下，碱金属是通过电解的方式来提纯的，电解是一种用电流分解

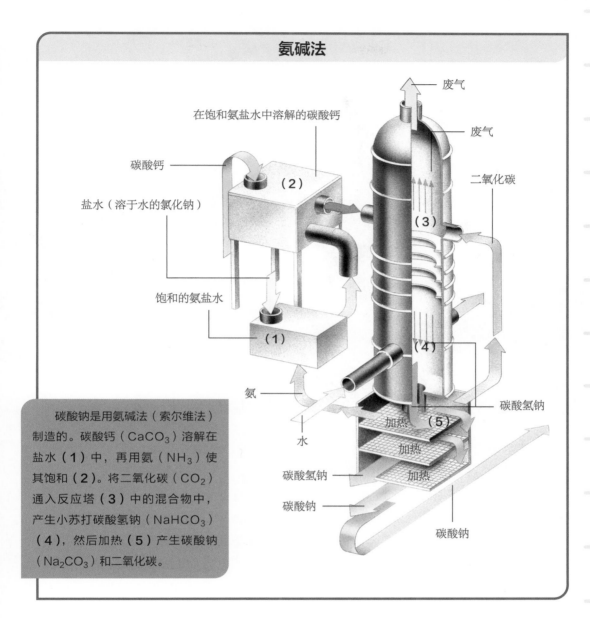

氨碱法

在饱和氨盐水中溶解的碳酸钙

碳酸钙

盐水（溶于水的氯化钠）

（2）

废气

废气

二氧化碳

（3）

饱和的氨盐水

（1）

（4）

氨

碳酸氢钠

水

加热 （5）

加热

碳酸氢钠 加热

碳酸钠

碳酸钠

碳酸钠是用氨碱法（索尔维法）制造的。碳酸钙（$CaCO_3$）溶解在盐水（1）中，再用氨（NH_3）使其饱和（2）。将二氧化碳（CO_2）通入反应塔（3）中的混合物中，产生小苏打碳酸氢钠（$NaHCO_3$）（4），然后加热（5）产生碳酸钠（Na_2CO_3）和二氧化碳。

盐的过程。这个过程的化学方程式是这样的（以氯化钠为例）：

$$2NaCl = 2Na + Cl_2$$

用途

　　碱金属的工业用途非常广泛。例如，道路上的路灯是黄色的，这种颜色来自路灯内部发光的钠气。碳酸氢钠（$NaHCO_3$），也被称为"小苏打"，常用于制作蛋糕。这种化合物与蛋糕粉中的水发生反应，释放出二氧化碳气体，这些气体以气泡的形式被困在蛋糕中，从而使蛋糕变得轻而松软。碱金属合金在工业中也有广泛的用途。钠被用来纯化钛和汞，而钠和钾的合金则被用来吸收核反应堆产生的热量。

碱土金属

碱土金属与碱金属相似，但它们更硬，化学反应性稍弱。这一族中最常见的元素是钙。石灰石等含钙化合物在自然界中大量存在。

元素周期表里第 2 列的元素被称为"碱土金属元素"。这一族共有 6 种元素，分别是铍（Be）、镁（Mg）、钙（Ca）、锶（Sr）、钡（Ba）和镭（Ra）。镭直到 19 世纪才被提纯出来。它们的许多化合物在很久以前就已经为人所知了。例如，大理石是一种含钙化合物，主要成分是碳酸钙（$CaCO_3$），几千年来一直被用作建筑材料。早在公元前 1 世纪，古罗马人就使用含有生石灰（氧化钙，CaO）的混凝土建筑房屋了。

碱土金属就是以这些化合物命名的。

贝壳的主要成分是碳酸钙，这是一种碱土金属化合物。

"土"（earth）是这些天然化合物的旧称。在 17 世纪之前，化学研究还没有成为科学，人们认为"土"就是元素。他们注意到，有些"土"与氢氧化钠（NaOH）等碱性化合物类似，所以他们把这些物质称为"碱土"。当人们发现这些物质实际上是含有金属的化合物时，他们便把这些金属命名为"碱土金属"。

钙和镁是两种常见的碱土金属，是由英国化学家汉弗莱·戴维于 1807 年发现的。在这之前，他还首先发现了碱金属。

最后一个被发现的碱土金属镭，由玛丽·居里（Marie Curie，1867—1934）和皮

碱土金属的化合物

名称	化学式	俗名	用途
氧化钙	CaO	生石灰	用作建筑材料
碳酸钙	$CaCO_3$	石灰石、方解石	用于制造砂浆和牙膏
硫酸钙	$CaSO_4$	石膏	用作肥料和防火剂
碳酸镁	$MgCO_3$	菱镁矿	用作体操镁粉
氢氧化镁	$Mg(OH)_2$	镁乳	用于治疗消化不良
硅酸镁	$MgSi_4O_{10}$	滑石	用作滑石粉
硫酸镁	$MgSO_4$	泻盐	用作泻药

埃尔·居里（Pierre Curie，1859—1906）于1898年发现。1911年，玛丽·居里因此获得了诺贝尔化学奖。镭具有放射性，放射性元素发出的粒子被称为"辐射"。

原子结构

碱土金属原子的最外电子壳层上有两个电子。这两个电子是价电子，参与化学反应。碱土金属原子必须给出或与其他原子共享这两个电子才能变得稳定。在大多数情况下，碱土金属很容易给出这两个电子。

性质

碱土金属都有两个价电子，它们的性质也类似。碱土金属的性质与碱金属相似，但不像碱金属那么极端。

碱土金属有以下几种性质：

- **柔软：** 它们虽然比碱金属硬，但仍然很柔软；与大多数其他金属相比，延展性较好。
- **良导体：** 它们的导热和导电性能都很好。
- **独特的颜色：** 所有的碱土金属燃烧时都会产生特定颜色的火焰。例如，钙燃烧时会发出暗红色的火焰，锶燃烧时会发出明亮的红色火焰，钡燃烧时会发出绿色的火焰。

- **化学反应性：** 所有的碱土金属都具有化学反应性，但没有碱金属那么强。碱土金属原子核对两个外层电子的吸引力比碱金属原子核对它们的一个外层电子的吸引力大。按照元素周期表从上到下的顺序，碱土金属的化学反应性越来越强。
- **光泽：** 纯的碱土金属呈银色，有光泽。然而，化学反应性较强的元素，如锶和钡，很快就会变成暗灰色。这是因为它们与空气中的氧气发生了反应，产生了金属氧化物，覆盖了金属表面。

来源

钙和镁是常见的两种碱土金属。钙约占地球岩石的3%，而镁则占2%。

其他的碱土金属是罕见的，因为它们非常活泼。碱土金属都不以单质的形式存在于自然界。

钙主要以碳酸钙的形式存在于土壤中，碳酸钙是石灰石的主要成分。碳酸镁是最常见的天然的含镁化合物。

碱土金属用电解的方法提纯。这是一种利用强大的电流将化合物分解成元素的过程。将氯化钙（$CaCl_2$）电解，可以产生

硬水

含有碱土金属钙离子或镁离子的水通常被称为"硬水"。碱土金属溶解在硬水中，与肥皂发生反应，使肥皂无法形成泡沫。

硬水来自地下深处，它流经含有含钙和含镁化合物的岩石。

去除金属离子会使水"变软"。硬水的味道也不同于软水，因为它含有更多的矿物质。

硬水被加热时会产生水垢。水垢会堵塞管道，或覆盖在水壶和洗衣机的加热元件的表面。将水软化可以减少水垢的产生。

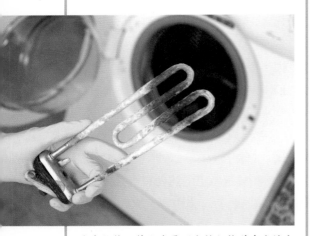

这个加热元件上全是硬水被加热时产生的水垢。水垢会降低元件的加热效率。

科学词汇

放射性：某些核素自发地放出粒子或 γ 射线，或俘获轨道电子后放出 X 射线，或自发裂变的性质。

镁条燃烧时释放出明亮的白色烟雾。镁可以用于应急照明弹，因为它燃烧时，从很远的地方就能看到明亮的火焰。

钙。除了产生纯金属，该反应还产生氯气（Cl_2）：

$$CaCl_2 = Ca + Cl_2$$

试试这个

硬水和软水

雨水和蒸馏水就是人们所说的"软水"。雨水和蒸馏水中含有的离子很少，离子是指获得或失去了电子的原子。泻盐是硫酸镁。它溶解在水中时产生的溶液就像"硬水"。

1. 向前两个玻璃杯中倒入 2/3 杯蒸馏水。向第三个玻璃杯中倒入同样多的自来水。

2. 向两个盛有蒸馏水的玻璃杯中的一个中加一勺泻盐。

3. 向每个玻璃杯中加入 3 滴洗洁精。

4. 快速搅拌，观察效果。

只装蒸馏水的玻璃杯中的泡沫应该很多，而含有泻盐的玻璃杯中泡沫应该很少。装自来水的杯子与其他两个杯子比起来怎么样？

左边的杯子里装的是蒸馏水，是软水。请注意表面的气泡。中间的玻璃杯装的是蒸馏水，加了泻盐，使水变硬，所以，肥皂不起泡。右边的杯子中装的是自来水，水面上有一些气泡，但不是很多，因为自来水也是硬水。

键的形成

大多数碱土金属化合物是离子化合物。当一个原子失去电子而另一个原子获得电子时，离子化合物就形成了。碱土金属原子失去两个外层电子，这就产生了一个带 2+ 电荷的离子，例如，将钙离子写成 Ca^{2+}。另一种元素的原子获得失去的电子，变成了带负电荷的离子。带相反电荷的离子互相吸引，结合在一起（成键），形成一种化合物。

化学反应

纯的碱土金属会与空气中的氧气反应，形成一种被称为"氧化物"的离子化合物。例如，氧化镁（MgO）是由一个镁离子（Mg^{2+}）和一个氧离子（O^{2-}）结合而成的。

镁原子失去的两个电子被氧原子获得了。该化学反应的化学方程式为：

$$2Mg + O_2 = 2MgO$$

石灰石中的碳酸钙（$CaCO_3$）有很多用

试试这个

测试碱性和酸性

碱土金属的化合物是碱性的。这个实验体现了它们如何与酸反应。你需要柠檬汁、一些镁乳（一种治疗消化不良的药物）和pH试纸。柠檬汁是酸性的，含有大量带正电荷的氢离子。它会把pH试纸变成红色。镁乳的主要成分是氢氧化镁[Mg(OH)$_2$]。氢氧化镁是一种碱性化合物，含有大量带负电荷的氢氧根离子，可使pH试纸变成蓝色。

首先用一张pH试纸测试柠檬汁。把pH试纸放在一边晾干，以便在随后的实验中比较它的颜色。向柠檬汁中加入3勺镁乳，搅拌混合物。用pH试纸重新测试液体。比较这张pH试纸和第一张pH试纸的颜色。红色应该更淡一点。这是因为氢氧化镁和一些氢离子发生了反应，产生了中性生成物。

继续加入更多的镁乳，并重新测试混合物。这种混合物会逐渐失去酸性而变成碱性的。最后，pH试纸的颜色会变成墨绿色。

柠檬汁是酸性的，但加入更多的镁乳逐渐使混合物变成了碱性的。用pH试纸进行测试，pH试纸的颜色由红色逐渐变为墨绿色。

体操运动员在手上撒粉来帮助他们抓住栏杆和吊环。这种粉末通常被称为"镁粉"，主要成分是碳酸镁。这和在黑板上写字使用的粉笔不一样。

途，例如，它被用来生产钢铁。然而，它也会经过一个简单的反应变成生石灰（CaO）。石灰石被加热时，会分解成生石灰和二氧化碳（CO$_2$）：

$$CaCO_3 = CaO + CO_2$$

生石灰是一种具有化学反应性的物质。它是石膏、砂浆和水泥的成分之一。当将生石灰加入水（H$_2$O）中时，发生的反应被称

在墙上写字

老师们在课堂上使用的粉笔是一种常见的含钙化合物。用来在黑板上写字的粉笔是一种石灰石，其中含有碳酸钙。白垩是由微小海洋生物的残骸形成的。当这些生物死亡时，它们含有碳酸钙的外壳在浅水中堆积起来。随着时间的推移，外壳会形成厚厚的一层，可以挤压成粉笔。

$$Ca(OH)_2 + H_2CO_3 = CaCO_3 + 2H_2O$$

通过这些反应，砂浆就真的变成了石头。

用途

碱土金属还有许多其他用途。镁与铝的合金常被用来制成如飞机这样的坚固而轻盈的物体。铍被添加到铜中，使其更硬、更强。

大约在 1950 年以前，镭一直被用来制作在黑暗中发光的颜料。发光是因为镭具有放射性，会释放出辐射。然而，现在人们已经知道，这种辐射对人类是有害的。现在，镭只能以安全的方式使用。

为"熟化"。这一反应会产生熟石灰，即氢氧化钙［$Ca(OH)_2$］：

$$CaO + H_2O = Ca(OH)_2$$

熟石灰是一种碱性物质，含有大量的氢氧根离子（OH^-）。碱可以与含有大量氢离子（H^+）的酸反应。

当生石灰被加入砂浆或其他建筑材料中时，它要与水混合。这两种化合物发生反应生成熟石灰，然后熟石灰参与另一种反应。空气中的二氧化碳溶于砂浆内部的水，生成碳酸（H_2CO_3）。碳酸与熟石灰反应生成碳酸钙和水。反应是这样的：

科学词汇

酸：含有大量氢离子的化合物。

碱：含有大量氢氧根离子的化合物。

化学键：分子中原子间存在的一种把原子结合起来的相互作用。

离子：失去或得到一个或多个电子的原子。

第13族金属

铝是地球岩石中含量最丰富的金属，位于元素周期表的第13族。这族的其他元素要罕见得多。

元素周期表里第13族的金属元素包括铝（Al）、镓（Ga）、铟（In）、铊（Tl）和钅尔（Nh）。铝是这一族中最重要也是含量最丰富的金属。该族还包含元素硼，这是一种类金属元素。

古希腊人和中国人都使用含铝化合物。古罗马医生也用它们来缓解伤口出血。他们称这种化合物为明矾（alums），这就是"铝"（aluminum）一词的由来。1825年，丹麦化学家汉斯·克里斯蒂安·奥斯特德（Hans Christian Oersted，1777—1851）首次纯化了这种金属。

镓、铟和铊是科学家在19世纪中期用分光镜发现的。不同的元素在燃烧时会产生不同颜色的火焰，利用分光镜便可鉴别元素的种类。

原子结构

第13族所有金属的原子的最外电子壳层上都有3个电子。为了变得稳定，原子必须给出或共享这3个电子。失去3个电子比只失去1个或2个电子需要更多的能量。因此，第13族金属只有较弱的化学反应性，比碱金属的化学反应性弱得多。

性质

铝、镓、铟和铊具有金属的典型特征。它们都很闪亮，颜色不是灰色就是银色。它们还有良好的导热性和导电性。然而，正是它们柔软和灵活的特性才使得这些金属如此与众不同。铝是地球上第二大可锻造的金属（仅次于黄金）。镓、铟和铊都很软，它们的熔点异常低，在正常情况下它们几乎是液体。

铝是地壳中最丰富的金属，约占岩石和矿物的7%。然而，纯铝是最难制造的金属之一。和大多数金属一样，铝在自然界中不以单质的形式存在。主要的铝矿物是矾土（氧化铝，Al_2O_3）。纯氧化铝是一种无色且极其稳定的化合物，将其分解成单个元素需要消耗大量能量。这种化合物也被称为"刚玉"，它是红宝石和蓝宝石中的主要物质。

大规模生产铝只有大约100年的历史。铝是通过电解和熔炼的复杂过程提纯的。今天，许多铝制品是由回收的铝制成的。回收铝所需的能耗仅为提炼铝所需能耗的1/20。

第13族元素的化合物

名称	化学式	俗名	用途
氯化羟铝	$Al_2(OH)_5Cl$	—	用作除臭剂
氧化铝	Al_2O_3	矾土；刚玉	红宝石和蓝宝石的成分
砷化镓	$GaAs$	—	用于生产激光
磷化铟	InP	—	用于制造半导体
溴化铊	$TlBr$	—	用于感温探测器
硫酸铊	Tl_2SO_4	—	用于制造老鼠药和蚂蚁药

镓、铟和铊是稀有的，主要存在于铜、锌和铅等其他金属的矿石中。当提炼铜、锌和铅等金属时，它们作为副产品被提取出来。

等着回收的铝罐。这种金属可以被回收利用，因为制造纯铝非常昂贵。

键的形成

第13族金属的原子最外电子壳层上的3个电子是它们与其他元素反应的关键。为了变得稳定，这些金属的原子必须清空它们的最外电子壳层，失去它们的3个价电子。大多数金属形成离子键，但第13族金属也能形成共价键。离子键是带相反电荷的离子相互吸引时形成的键。第13族金属的原子通过失去3个价电子形成离子（如 Al^{3+}）。这些离子被带负电荷的离子所吸引。

当原子不是给予或获得电子，而是与其他原子共用电子时，就形成了共价键。通过共用电子，每个原子都可以填满其最

科学词汇

共价键：原子之间共用电子而形成的化学键。

离子键：带相反电荷的离子互相吸引时形成的化学键。

延展性：描述一种材料可以很容易地弯曲或被敲击成平板的特性。

类金属：一种同时具有金属元素和非金属元素性质的元素。

矿石：可从中提取有用组分或其本身具有某种可被利用的性能的矿物集合体。

熔炼：通过加热使金属由固态转变为液态并使其温度、成分等符合要求的工艺过程。

外电子壳层，从而变得更加稳定。碘化铝（AlI_3）等少数的13族化合物是共价化合物。然而，第13族的大多数金属会形成离子化合物。氧化铝（Al_2O_3）是典型的离子化合物。铝与空气中的氧气（O_2）反应时，就会形成氧化铝，化学方程式为：

$$4Al + 3O_2 = 2Al_2O_3$$

在氧化铝分子中，两个铝离子（Al^{3+}）与3个氧离子（O^{2-}）结合在一起，在金属铝表面形成一层薄薄的氧化铝。这阻止了氧气与下面的金属铝接触，所以反应不能继续。镓、铟和铊的化学反应性都比铝强。铊是这几种元素中原子体积最大的，化学反应

大型客机是由铝合金制成的。这些飞机的翼肋也是由铝合金制成的，铝合金很结实，但很轻，所以大型飞机使用这种材料来制造。

性也最强。所以，铊必须被储存在水中，以防止它与空气中的氧气发生反应。

化学反应

铝常被用作还原剂。还原剂是指在化学反应中失去电子的物质。铝是铝热反应的还原剂。从氧化铁（Fe_2O_3）中提取纯铁就利用了这种反应的原理。在反应过程中，铝原子把电子给了铁离子（Fe^{3+}），铝原子变成了离子，并与氧离子结合形成了氧化铝，而铁离子变成了铁原子。反应是这样的：

$$Fe_2O_3 + 2Al = Al_2O_3 + 2Fe$$

镓、铟、铊和鿭很罕见，所以很难描述它们常见的化学反应。镓能腐蚀其他金属，这是一种金属氧化另一种金属的化学反应。人们对鿭知之甚少，因为人类制造出的鿭原子很少，而且它们只用于科学研究。

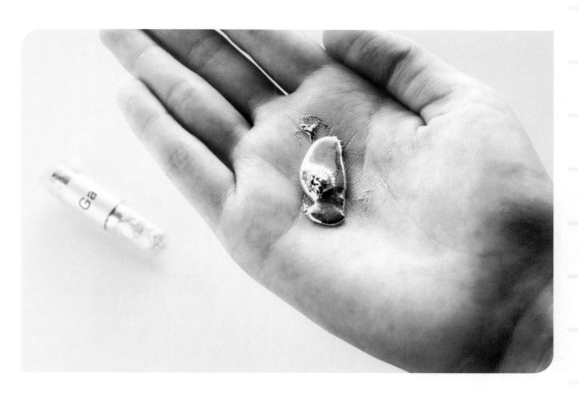

镓的熔点是30℃。手心的温度就足以使镓熔化成液体。

用途

铝是地球上用途广泛的金属之一。在铁器时代的早期，铁取代青铜成为最有用的金属。现在，虽然铁仍然是使用最多的金属，但铝的特性使它在不同方面都有用途。例如，它很轻，可以用于制造飞机和挂在塔上的电缆。它还具有延展性，可以被塑造成许多形状，也许最常见的形状是铝罐。大多数铝制品是由合金制成的。为了使铝制品更坚硬，通常会将少量的铜、锌、镁和硅添加到铝合金中。氧化铝可用于防止钢（一种铁合金）生锈。在钢的表面涂一层薄薄的氧化铝，可以阻止氧气和水分与下面的铁接触。

查尔斯·马丁·霍尔

查尔斯·马丁·霍尔（Charles Martin Hall，1863—1914）是一位美国化学家。1886年，年仅23岁的霍尔发明了一种制造纯铝的廉价方法。他在美国俄亥俄州奥柏林家中的实验室里进行相关的研究。这个方法被称为霍尔-赫劳尔特电解炼铝法，因为法国人保罗·赫劳尔特（Paul Héroult，1863—1914）也同时开发出了一个类似的工艺。在霍尔-赫劳尔特工艺被发明之前，纯铝和银一样贵。虽然含铝化合物很常见，但提炼铝非常困难。霍尔的发现改变了这一切，使铝有了各种各样的用途。霍尔-赫劳尔特工艺至今仍被使用。这个工艺使用电解来提纯铝。在电解过程中，电流将矾土（氧化铝，Al_2O_3）分解为纯铝和氧气。这是在高温下完成的，所以氧化铝被熔化成液体。

锡和铅

锡和铅是常见的金属，已经有数千年的使用历史了。这两种金属都易于纯化且不活泼，因此常被用来保护其他金属免受腐蚀。

金属锡（Sn）、铅（Pb）和铁（Fl）位于元素周期表的第14族。除了这几个金属，第14族还包含类金属元素锗（Ge）和

上图用锡和铅的合金铸造的士兵模型。合金很容易熔化，熔化后的合金会被倒入模具中塑形。

硅（Si），以及非金属元素碳（C）。

放射性元素铁于1998年才被首次合成，人们对它知之甚少，但人们使用锡和铅已有7000年的历史了。

锡被加到铜中制成青铜合金。铅可以弯曲制成水管。没有人知道是谁首先发现并命名了这两种金属。它们的元素符号来自它们的拉丁名——锡的拉丁名是 Stannum，铅的拉丁名是 Plumbum。制造纯锡和纯铅很容易。有的岩石中含有纯铅。然而，这两种金属在自然界中都不常见。

科学词汇

合金： 一种金属与另一种或几种金属或非金属（如碳）的混合物。

价电子： 原子中容易与其他原子相互作用形成化学键的电子。

锡和铅的化合物和合金

名称	化学式或成分	俗名	用途
醋酸铅	Pb(C₂H₃O₂)₂	铅糖	一种有毒的糖状物质，用于染料和清漆中
碱式碳酸铅	(PbCO₃)₂·Pb(OH)₂	铅白	一种白色颜料，用于着色
氧化铅	PbO	铅黄	曾用于制造黄色涂料和玻璃
四氧化三铅	Pb₃O₄	铅丹	一种红色颜料，用于着色
铌锡	Nb₃Sn	—	一种导电性能很好的超导体
青铜	60% 铜，40% 锡	—	一种含锡和铜的合金，用于铸造各种器具
白镴	85% 锡，15% 铅	—	一种合金，曾经被用来代替银制造有光泽的物体
焊料	60% 锡，40% 铅	—	用于熔合金属的合金
四氯化锡	SnCl₄	氯化锡	用于钢化玻璃

$$\text{醋酸铅}\quad Pb(C_2H_3O_2)_2$$

$$\text{碱式碳酸铅}\quad (PbCO_3)_2 \cdot Pb(OH)_2$$

$$\text{四氧化三铅}\quad Pb_3O_4$$

$$\text{铌锡}\quad Nb_3Sn$$

$$\text{四氯化锡}\quad SnCl_4$$

左图是一个被焊接到位的芯片。焊料是锡和铅的合金。被热烙铁加热后，熔化的焊料在芯片周围流动。焊料冷却后又变成固体，将芯片固定在适当的位置。

原子结构

锡原子和铅原子的最外电子壳层上各有 4 个电子。为了变得稳定，这些原子的最外电子壳层要么有 8 个电子，要么没有电子。这可以通过失去或得到 4 个电子来实现。然而，无论失去 4 个电子，还是得到 4 个电子，都需要大量的能量。因此，锡和铅是化学反应性较弱的元素，参与的化学反应也很少。

虽然这 4 个价电子使锡和铅不易发生反应，但它们也使原子形成稳定的化学键。稳定的化学键是不易被破坏的。锡原子或铅原子与另一种元素一旦结合，就很难被分开。锡和铅被称为"贫金属"，因为它们的反应方式与其他金属的不同。金和铂等贵金属的化学反应性弱于锡和铅。

性质

抗腐蚀是锡和铅的重要特性。它们的原子结构赋予了这两种元素这一特性。腐蚀是金属与环境之间发生的化学反应，通常是金属与水和空气中的氧气反应。生锈就是腐

方铅矿是自然界中最常见的含铅矿石。

蚀的一种形式。锡和铅不会生锈，因为它们与氧反应生成氧化物的速度很慢。与其他含铅和含锡化合物一样，铅和锡的氧化物也非常稳定。它们在金属表面形成一层很薄的氧

铅中毒

人们使用铅已经有几千年的历史了，但直到最近，科学家才意识到，铅会损害人体神经系统，导致血液和大脑紊乱。如今，含铅的油漆、汽油和陶瓷已被禁用，以保护人们免受其有害影响。

然而，铅在过去是一种常见的致病原因。例如，铅被认为是古罗马人精神病的罪魁祸首。他们使用由铅制造的水管，甚至在食物中添加铅，以使食物尝起来更甜！德国作曲家路德维希·凡·贝多芬（Ludwig van Beethoven，1770—1827）可能死于铅中毒。他吃鱼时喝了添加了铅的甜葡萄酒，致使铅进入了他的血液。贝多芬经常犯胃病。当他去世时，医生发现他的器官受到了一定程度的损伤，这表明他可能是被铅毒死的。

化物，作为空气和金属之间的屏障，防止发生更多的反应。

锡和铅还有其他共同的特性。两者都是软金属，都可以很容易地弯曲或成型。与其他金属相比，它们的熔点和沸点较低，而且它们的导电和导热性能都不好。

来源

锡和铅在地壳中含量极低。如果你随机取 100 万份地壳碎片，里面可能只有 2 份是锡，12 份是铅。科学家们称这种方法为百万分率（ppm）。用这种方法计算，地壳中锡的含量为 2ppm，铅的含量为 12ppm。锡以矿物的形式存在。世界上大部分锡存在于锡石中，锡石的主要成分是氧化锡（SnO_2）。锡石一般位于靠近地表的软土中，因此，一般采用露天矿法开采。最大的锡矿在马来西亚。

大多数铅以方铅矿（硫化铅，PbS）的形式存在。方铅矿和其他铅矿一般位于地下深处的坚硬岩石中。铅也存在于银和铜等其他金属的矿石中。铅有时以纯金属的形式存在，特别是在火山附近。火山的高温导致矿物质发生反应。

化学反应

当铅和锡参与化学反应时，它们会失去 2 个或 4 个电子，形成带 +2 或 +4 电荷的离子。锡的 +4 价比 +2 价更稳定。铅的情况则正好相反，+2 价的铅更稳定，并且含 +4 价铅的化合物很容易反应生成含 +2 价铅的化合物。

离子会被带相反电荷的离子吸引。这些离子键形成了离子化合物。例如，锡离子

（Sn^{4+}）与两个氧离子（O^{2-}）结合形成二氧化锡（SnO_2）；硫化铅（PbS）是由一个铅离子（Pb^{2+}）与一个硫离子（S^{2-}）结合形成的。这些化合物与碳（C）反应，产生纯锡或纯铅。这是一种置换反应——碳取代了化合物中的金属。这个反应需要热量，热量是通过燃烧碳来提供的。煤是一种主要成分为碳的燃料。例如，锡是由锡石通过如下化学反应生产出来的：

$$SnO_2 + 2C = 2CO + Sn$$

用途

　　锡和铅有许多用途。锡可以防止其他金属生锈。正因如此，易拉罐上一般涂有一层锡。虽然易拉罐中大部分金属是钢（一种含有碳和其他元素的铁合金），但是在世界上的一些地方，易拉罐仍然被称为"锡罐"。

　　锡也是合金的常见成分。青铜、白锡

为了使汽油均匀燃烧，人们常在汽油中添加含铅化合物。然而，铅从废气中释放出来，会损害人们的健康。如今，大多数汽油是无铅的。

和焊料中含有很多锡。白锡和焊料也含有铅。铅的使用量比锡少得多，因为铅有毒。它过去广泛用于油漆和陶瓷的制造中，但它会使人生病。今天，人们以安全的方式将其用于玻璃、黄铜、陶瓷和电缆外壳等的制造中。现在使用的铅有一半以上来自回收产品。

科学词汇

化合物：两种或两种以上不同元素的原子结合在一起时形成的纯净物。

导体：导电和导热性能良好的物质。

离子：失去或获得一个或多个电子的原子。

矿物：由地质作用形成的具有相对固定的化学成分和确定的内部结构的天然单质或化合物。

过渡金属

几乎一半的金属是过渡元素。这些金属位于元素周期表的中心。许多常见的金属，如铜、铁和金，是过渡金属。

元素周期表中第3族和第12族之间的元素被称为"过渡金属"。铁（Fe）、银（Ag）和铜（Cu）这样的过渡金属已经被发现几千年了。其他的过渡金属是在过去300年里被陆续发现的。原子序数较小的过渡金属的原子较小、较轻，通常比原子较大、较重的元素发现得更早。原子较重的金属往往比较轻的金属具有更强的化学反应性，因此更难从化合物中分离出来。

用途较广的过渡金属包括锰（Mn）、铬（Cr）、钴（Co）、镍（Ni）、钨（W）和钛（Ti）。稀有过渡金属包括钼（Mo）、钯（Pd）、铑（Rh）和锆（Zr）。

过渡金属有着不同寻常的原子结构，这使它们有别于其他金属。它们外层电子的数量不同，所以它们不能像其他金属一样形成一个族。然而，与大多数其他金属一样，过渡金属的最外电子壳层上只有1个或2个电子。

科学词汇

合金： 一种金属与另一种或几种金属或非金属（如碳）的混合物。

金属： 一种有光泽的、可锻造的、能导电的固体物质。

价电子： 原子中容易与其他原子相互作用形成化学键的电子。

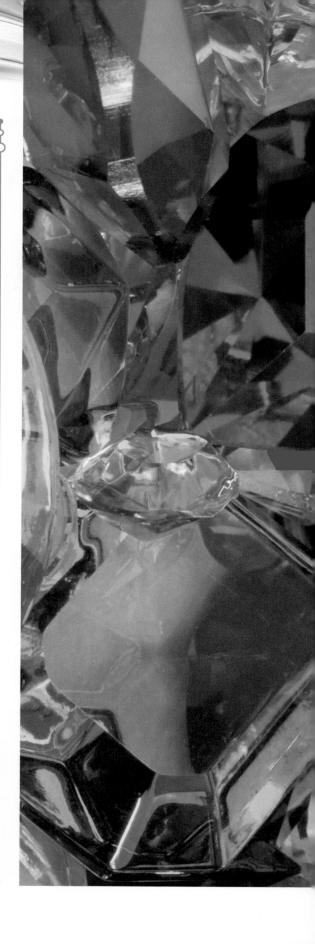

许多宝石因为含有过渡金属而具有漂亮的颜色。祖母绿宝石和红宝石中都含有铬；蓝宝石因为含有钛而呈蓝色。

原子结构

过渡元素有 1 个或 2 个外层电子，因此，它们的反应和碱金属元素、碱土金属元素类似，但过渡金属的化学反应性比它们弱。其原因可以通过仔细观察其原子结构来发现。过渡元素的价电子位于其电子壳层的次外层和最外层。

电子壳层

原子中的电子排列在电子壳层中，电子壳层又叫能层。最里面的能层最小，只能容纳 2 个电子。第 2 能层较大，最多能容纳 8 个电子。第 3 能层更大，可以容纳 18 个电子。然而，电子并没有直接填满第 3 能层，而是在第 3 能层有了 8 个电子后，优先填充第 4 能层，一旦第 4 能层有了 2 个电子，就又开始填充第 3 能层，直至第 3 能层填满 18 个。

增加电子

可以通过比较钙和钪的原子结构来说明这一规律。钙是元素周期表中过渡金属之前的最后一种元素，钪是过渡金属中的第一种元素。钙原子有 4 个能层。第 3 能层有 8 个电子，第 4 能层有 2 个电子。钪原子也有 4 个能层，与钙一样，第 4 能层有 2 个电子，但第 3 能层有 9 个。第 3 能层继续填充，产生一系列有 4 个能层的金属原子。

大多数过渡金属的原子有 2 个外层电子，尽管铬和铜等少数原子只有 1 个外层电子。第 3 能层最终被填满的元素是锌，其第

过渡金属的电子壳层

与大多数金属一样，过渡金属有1个或2个外层电子。然而，次外层可以有8～18个电子。这些次外层的电子也可以参与反应。

钪
2个外层电子，第3能层有9个电子。

锰
2个外层电子，第3能层有13个电子。

锌
2个外层电子，第3能层有18个电子。

原子核　最外电子壳层

原子核　未饱和的电子壳层

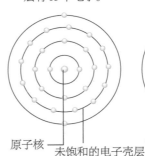

原子核　电子壳层

3能层有18个电子。此后，第4能层和第5能层开始再次充满。

排在锌之后的元素是金属镓。镓不是过渡金属。它的原子的第3能层有18个电子，第4能层有3个电子。

越来越圆

第3能层填充18个电子后，第4能层继续获得电子，直到它拥有8个电子。这就是氪原子。和第3能层一样，此时，第4能层不再接受电子，第5能层开始形成。一旦第5能层有了2个电子，里面的第4能层

便开始继续填充。这就形成了另一系列有5个能层且含有1个或2个外层电子的金属原子。同样的过程也发生在有6个能层的原子中。过渡金属以汞（Hg）结尾。

性质

过渡金属往往是良导体，它们是最坚硬的金属，熔点比其他种类的金属高得多。

然而，也有一些明显的例外。例如，汞在室温下是液体，而金具有很强的延展性。

许多元素的性质取决于它们的原子的结合方式。在大多数情况下，过渡金属有很

过渡金属的化合物和合金

名称	化学式或成分	俗名	用途
黄铜	67%铜，33%锌	—	用于制造装饰品和乐器的合金
氧化钴	CoO	钴蓝	一种深蓝色的化合物，用于玻璃和瓷器着色
硫酸铜	$CuSO_4$	—	用作杀虫剂
氧化铁	Fe_2O_3	黑钻	赤铁矿的主要成分
铬酸铅	$PbCrO_4$	铬黄	一种亮黄色的颜料
二氧化锰	MnO_2	软锰矿	用于电池中
不锈钢	90%Fe，10%Cr	—	用于制造不会生锈的物体
五氧化二钒	V_2O_5	—	生产硫酸时用的催化剂

试试这个

生锈的钉子

铁制品接触氧气后会生锈。铁锈实际上是铁制品暴露在空气中时在其表面形成的氧化铁。在这个实验中，你将探索如何将钉子密封，防止其生锈。你需要3个玻璃杯、1根镀锌的钉子和两根未镀锌的钉子。你可能需要用砂纸打磨未镀锌的钉子，但不要打磨镀锌钉。

将一根镀锌钉子和一根未镀锌钉子分别放入两个玻璃杯中，再分别加入水。把最后一根钉子蘸一点植物油，放入第3个玻璃杯中，然后加入水，再加入足够的植物油，使油完全覆盖玻璃杯中液体的表面。将玻璃杯放置几天，然后观察。

镀锌钉子没有生锈，它被一层防锈涂层保护着。被油覆盖的钉子也不会生锈，因为油阻止了氧气与钉子接触。

这些照片从左到右分别是一根镀锌的钉子、一根未镀锌的钉子和一根未镀锌但涂满了油的钉子。只有未镀锌的钉子生锈了，因为镀锌的钉子有一层保护涂层，而油阻止氧气与另一根未镀锌的钉子接触。

多价电子。

除了参与反应，价电子还有助于形成金属键。金属原子用来成键的电子越多，它们就越坚硬。金属的原子间有很强的化学键，因此金属非常坚硬。

强大的金属键将每个原子的位置固定，需要很大的力才能将它们分开或使它们变成不同的形状。

然而，许多坚硬的过渡金属，如铁和铬，也很易碎。也就是说，当它们破裂时，它们会变成碎片。这些金属若与其他元素形成合金，就变得不那么脆了。强大的金属键使金属原子紧密地聚集在一起，因此一些过渡金属的密度非常大。物质的密度是特定体积内质量的度量，等于物质的质量除以体积。

密度最大的元素是过渡金属锇（Os）。一个边长为2.5厘米的立方体锇重达370克，比同等体积的水重22.5倍。强大的金属键也会导致这些金属熔点和沸点较高，因为打破金属键需要大量的能量。大多数过渡金属在超过1000℃的温度下才能熔化。钨的熔点约为3422℃，是所有金属中最高的。一些过渡金属，如汞、金和铂，在自然界中是以单质的形式存在的。其他的则与其他元素结合形成化合物，存在于矿物中。

来源

有用的金属，如铁和铜，是从矿石中提炼出来的。其他过渡金属很稀有，并不是从它们自己的矿石中提炼出来的，而是作为生产其他更常见金属的副产品被提炼出来的。

铁是地球上最常见的元素。科学家认为，地核是一个由熔融的铁和镍（另一种过渡金属）组成的巨大球体。然而，地壳中大约只有5%为铁，这也使它成为岩石中含量第4丰富的元素。

大多数铁与氧结合形成一种叫作氧化铁的化合物。镍、锌和钛等其他过渡金属存在于矿石中，钛在地壳中的含量排第9，锌在地壳中的含量排第23，紧随其后的是镍和铜。

矿石通常在地表附近被发现，所以它们是被直接从地表挖出来的。铁矿石和其他过渡金属被精炼成纯金属。在这个过程中，金属氧化物与碳反应，碳从矿石中带走了氧元素，留下了纯金属。

较为稀有的过渡金属也以同样的方式提纯，但是一般作为副产品被提炼出来。例如，铑是生产镍的副产品，镉是生产锌的副产品。

科学词汇

密度： 特定体积内的质量的度量。

提纯： 除去某种物质中所含的杂质，使其纯度提高的过程。

金属键： 金属原子间共享电子而形成的化学键。

价电子

过渡金属的原子结构对这些元素的原子如何与其他原子成键有很大的影响。原子之间通过给予、获得或共享价电子而成键。原子这样做是为了填满或清空它们的最外电子壳层。

过渡金属的价电子位于两个电子壳层上，而不像大多数其他元素那样只位于最外电子壳层上。正因如此，它们的成键方式才比其他元素复杂得多。

大多数非过渡金属必须失去、获得或共享固定数量的电子，才能变得稳定并形成化学键。然而，过渡金属可以通过使用不同数量的价电子形成化合物，这使得过渡金属的化学行为相当复杂。在许多情况下，过渡

下图为钢桥。钢是由铁、碳和其他元素制成的合金。钢虽然很坚固，但也可以模压和弯曲。

金属的一个原子可以与另一种元素的原子形成3～4种不同的化合物。

氧化态

化学家通过氧化态来计算过渡元素是如何成键的。氧化态只是一个数字，指的是一个原子在与其他元素形成化合物时失去或获得了多少电子。例如，非过渡金属镁（Mg）与氧气（O_2）反应时，失去了两个价电子，结果形成了一个带 +2 电荷的离子（Mg^{2+}）。氧得到这两个电子，从而填满它的最外电子壳层，形成带负电荷的离子（O^{2-}）。在这个例子中，镁的氧化态是 +2，而氧的氧化态是 −2。

大多数过渡金属的氧化态不止一种。例如，锰的氧化态为 +7、+4、+3、+2。换句话说，锰原子在一次反应中最多可以失去 7 个电子，这比其他任何金属都要多。铁的氧化态为 +3 和 +2，铜的氧化态为 +2 和 +1。

测量温度

水银温度计发明于 1592 年。它是一个中空的玻璃管，上面标有温度，里面装有水银。当水银被加热时，它会膨胀并沿着玻璃管向上移动，从而表示出温度的变化。今天，水银温度计只在受控条件下使用，因为这种金属有剧毒。

水银曾用于测量体温的体温计中。如今，它们很少被使用，而是被数字设备所取代。

钢钉外层涂有一层锌，这个过程叫作"镀锌"。这可以防止钢钉暴露在空气中生锈。

有些过渡金属只有一种氧化态。例如，钪的氧化态只有+3，而锌的氧化态只有+2。

上图为直接从地下挖出铜矿而形成的巨大的坑。

成键

通过过渡金属的氧化态，我们可以看出过渡金属需要多少离子才能形成化合物。和大多数其他金属一样，过渡金属也能产生离子化合物。离子会被带相反电荷的离子吸引。这种吸引力在两个离子之间形成了离子键。虽然组成化合物的离子带电荷，但是化合物本身是中性的，不带电荷。这是因为离子中相反的电荷相互平衡。

因此，过渡金属离子的氧化态或电荷决定了与它成键的离子的数量。

例如，当铜的氧化态为+1时，需要两个亚铜离子（Cu^+）与一个氧离子（O^{2-}）形成化合物。这种化合物的化学式是 Cu_2O，化学家称这种化合物为氧化亚铜。当铜的氧化态为 +2 时，一个铜离子（Cu^{2+}）需要与一个氧离子结合，形成氧化铜（CuO）。

帮助反应

过渡金属通常是很好的催化剂。催化剂可以使化学反应进行得更快。其中一个例子是哈伯-博施法，它使用铁（Fe）作为催化剂。化学方程式是这样的：

$$N_2 + 3H_2 \overset{Fe}{=\!=\!=} 2NH_3$$

把铁元素的符号放在等号上面表明铁是催化剂而不是反应物或生成物。铁在反应中起作用，但没有被消耗。在这个例子中，铁通过改变其氧化态，给出和得到电子，所以氮（N）原子和氢（H）原子有更多的机会相互结合。

过渡金属是很好的催化剂的另一个原因是，其他物质可以附着在它们的表面。当物质被"卡在一起"时，原子可以重新排列形成新的化学物质。使用过渡金属作为催化剂，可以使小的有机（碳基）链分子变大。例如，乙烷（C_2H_6）与氢气（H_2）在镍催化剂的存在下被加热，它们会发生反应生成丙烷（C_3H_8）。这种金属催化剂会吸附其他原子。注意，"吸附"这个词的意思和"吸收"不一样。当某物被吸收时，它就混合到另一种物质中去了。当一种物质被吸附时，它只是附着在另一种物质的表面，但可以分离。

不同的用途

过渡金属在工业生产中用途广泛，从

血液中的金属

铁在血液中至关重要，因为它能与氧气结合。铁是血红蛋白的组成部分。血红蛋白分子能使血液变红。血红蛋白吸收肺部的氧气分子，然后将它们运送到全身。然而，并不是所有的动物都是这样使用铁的。帝王蟹是一种海洋生物，是蝎子和蜘蛛的近亲物种，它使用含铜化合物而非铁在身体内运输氧气。因此，帝王蟹的血是蓝色的，而不是红色的。

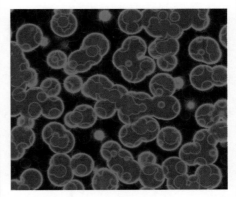

上图为血管内红细胞的放大图像。细胞是红色的，因为它们含有大量的血红蛋白。

生产防锈屋顶到耳环的制造，都需要过渡金属。许多过渡金属对生物体内发生的化学反应很重要，有几种过渡金属对人体至关重要，虽然含量很少，但是如果人体内缺乏这几种过渡金属，人就会生病。

血液中的含铁化合物可以在人体内运输氧气，它还会使血液变红。人体以类似的方式使用其他过渡金属。有几种过渡金属是维生素的成分。例如，钴是维生素 B_{12} 的重要组成部分，维生素 B_{12} 自然存在于肉、蛋和乳制品中。人体还需要微量的铬、锰、铜、锌和其他几种过渡元素来保持健康。然

食物中的铁

为了健康，许多食物中添加了铁。你可以从早餐麦片中提取铁元素。你需要一些麦片、一个保鲜袋、一杯水、塑料保鲜膜、一张纸巾和一个粘在木棍上的小磁铁。把一些麦片封在袋子里，压成粉末。把粉末倒进碗里，和水混合。用塑料保鲜膜包住磁铁，搅拌麦片混合物10分钟。用纸巾擦拭保鲜膜。你应该会在纸巾上看到黑色的小粉末，这就是麦片中的铁。用其他谷物重复这一步骤，并比较它们的含铁量。

而，如果大量食用含有这些金属的化合物，人们就会生病。在工业上，铁是所有金属中最重要的，它广泛存在于铁矿石中，提炼成本也不高。提炼出来的产品的铁含量在95%左右。纯铁是易碎的，用处不大。然而，当将纯铁与少量的碳制成合金时，它就会变成可弯曲的、坚固的钢。许多其他过渡金属很

钴离子

钴离子有4种类型，每一种都有一定的氧化态。钴每失去一个电子，其氧化态就会增加。

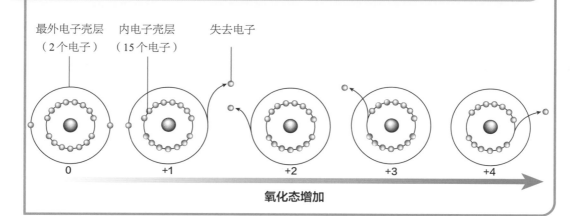

最外电子壳层（2个电子）　内电子壳层（15个电子）　失去电子

0　+1　+2　+3　+4

氧化态增加

将巨大的长柄勺中熔融的液态铁倒入模具中。

许多金属是从矿石中提炼出来的。铁是要提炼的主要金属，但锰、钴和镍也用这种方法提炼。提炼包含一系列的化学反应，其中也包括矿石与碳（C）和一氧化碳（CO）的反应。反应的生成物是纯金属、二氧化碳（CO_2）和被称为"矿渣"的废物。反应的化学方程式是这样的：

$$2Fe_2O_3 + 3C = 4Fe + 3CO_2$$

炼铁的历史可以追溯到几千年前，但没有人知道是谁最早发明了这项技术，也没有人知道确切的时间。如今，炼铁是在烟囱状的高炉中进行的。铁矿石用焦炭（一种几乎是纯碳的煤）加热。矿石熔化并与碳反应产生一氧化碳。这种气体还会继续参加反应，从矿石中去除最后的氧元素，产生纯的熔融铁和二氧化碳。

科学词汇

催化剂： 能使化学反应发生得更快，但自身不受反应影响的元素或化合物。

离子： 失去或得到一个或多个电子的原子。

氧化态： 用来描述一个原子失去或获得电子数量的数值。

少以纯金属形式被使用。相反，它们与铁混合，被制成具有不同性能的钢。例如，添加铬是为了使钢不生锈；添加了钼的钢很硬；带锌层的钢叫镀锌钢，镀锌钢不易生锈，经常在户外使用。单独使用的过渡金属包括金、银，还有比钢更坚固、更轻的钛。铜是良导体，用于制造电线。锌、镉和镍用于电池中。

磁性

铁、钴和镍这3种过渡金属可以制成磁铁。磁铁是一种有磁极，即有南北两极的物体。当两个磁铁靠近时，相同的磁极互相排斥，相反的磁极互相吸引。造成这一现象的磁力是由这3种金属原子内部的电子旋转产生的。其他金属或非金属元素都不可以被用来制造磁铁。

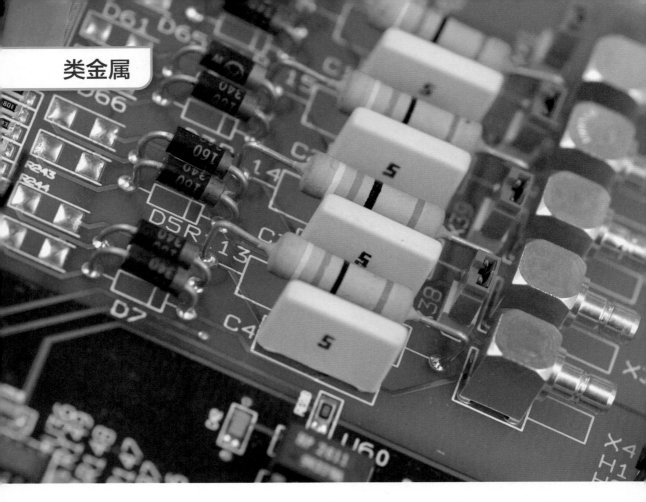

类金属

类金属是所有元素中最不寻常的。它们具有金属和非金属的特性。许多类金属是半导体，可以用于制造电脑和手机等。

类金属，也被称为"半金属"，是同时具有金属和非金属特性的元素。这7种类金属元素分别是硼（B）、硅（Si）、锗（Ge）、砷（As）、锑（Sb）和碲（Te），在元素周期表中形成了一条锯齿状的对角线，将元素周期表左侧的金属元素区域与右侧的非金属元素区域分开。钋（Po）是一种放射性元素，有时也被认为是一种类金属。砷和锑已经有数千年的使用历史了。

砷通常被用作毒药或用于制造玻璃；古埃及人在眼妆中使用有毒的含锑化合物。其他的类金属是在18世纪末到19世纪被发

上图为一种电路板，带有芯片和含有其他类金属（如硅和砷）的电子器件。

现的。这些类金属具有金属和非金属的特性，有些是硬的，略带光泽；有些是易碎的粉末；一些能导电，而另一些则是绝缘体。此外，与金属不同的是，类金属易碎。

原子结构

这些类金属元素位于元素周期表的第13族至第16族。因此，它们的原子结构各不相同。硼的最外电子壳层上有3个电子；硅和锗有4个外层电子；砷和锑有5个外层电子；碲和钋有6个外层电子。不同的原子结构对类金属的性质有很大的影响。

性质

由于它们的原子结构不同，所以类金

类金属的化合物

名称	化学式	俗名	用途
三氧化二锑	Sb_2O_3	—	用作防火剂
二氧化硅	SiO_2	硅砂	用于制造玻璃和混凝土
四硼酸钠	$Na_2B_4O_7$	硼砂	肥皂、清洁剂和漂白剂的成分
硅酸钠	Na_4SiO_5	硅胶	用作干燥剂
砷化镓	$GaAs$	—	用于太阳能电池和激光器中
四氢化锗	GeH_4	—	用于制造半导体
碲化镉锌	$CdZnTe$	—	一种用于辐射探测器和制造全息图的合金
砷酸铅	$PbHAsO_4$	—	用作杀虫剂

属的性质并不完全相同。有些像金属，而有些则更像非金属。例如，锗和钋比其他类金属看起来更像金属，而硼和砷在外观上更像非金属。

来源

硅可能是最重要的类金属。它是地壳中第二丰富的元素，占地球岩石的1/4以上。硅在自然界中不以单质的形态存在，它最常见的化合物是二氧化硅。最常见的二氧化硅形式可能就是沙子。石英也是二氧化硅的一种形式，存在于花岗岩等岩石中。燧石是二氧化硅的另一种形式。碧玉、蛋白石、玛瑙等许多宝石的颜色与二氧化硅有关。

虽然含硅化合物很容易找到，但找到其他类金属却不容易。它们几乎总是与其他元素结合在一起。类金属通常是提炼其他金属时的副产品。

砷通常以毒砂（FeAsS）的形式存在，它是铁、砷和硫形成的化合物。因为砷是有毒的，而且用途很少，所以通常不从这种化合物中提取。相反，砷是提炼其他金属时的副产品。

硼有两种主要来源：硼砂和角晶石。两者的主要成分都是四硼酸钠。这些矿物的最大矿藏位于美国加利福尼亚州的硼镇，这是一个以硼命名的城镇。

含有其他类金属的矿物并不大量存在。锑存在于一种叫"辉锑矿"（SbS_3）的矿物中。然而，锑是生产银和铅的副产品，这样比从辉锑矿中提炼更容易。碲是金、铅和铜中常见的杂质。锗和锌是提炼这些金属的副产物。镭分解时会产生具有放射性的钋。

键的形成

除了硼元素，所有的类金属的最外电子壳层上都有4个或更多的电子。因为它们

科学词汇

金属：最外电子壳层上电子数少的元素，坚硬但是可弯曲。金属都是良导体。
类金属：具有金属和非金属特性的元素。
非金属：既不是金属也不是类金属的元素。非金属是不良导体。非金属的原子有好几个外层电子。

的最外电子壳层需要 8 个电子才能稳定，所以类金属需要与其他原子共用外层电子，从而填满它们的最外电子壳层。共享电子形成共价键。

二氧化硅是最常见的类金属化合物，由共价键连接在一起。产生二氧化硅的反应是这样的：

$$Si + O_2 = SiO_2$$

然而，原子结合形成二氧化硅的方式比这个方程式显示的要复杂得多。氧原子必须与其他原子共用两个电子才能变得稳定。硅原子的最外电子壳层上共有 4 个电子。在二氧化硅中，每个氧原子从两个硅原子那里获得两个电子，并与两个硅原子成键。虽然它的化学式是 SiO_2，但每个硅原子都连着 4 个氧原子。二氧化硅的化学键将所有原子连接成一个巨大的网格，这使它成为一种非常坚硬和稳定的化合物。

用途

类金属最重要的用途是用作半导体。用作半导体的类金属主要是硅和锗。其他的类金属，如砷，被少量地添加到半导体中以

类金属的性质

类金属	外观	导电性
硼	介于金属和非金属之间	绝缘体
硅	介于金属和非金属之间	半导体
锗	似金属	半导体
砷	介于金属和非金属之间	半导体
锑	似金属	半导体
碲	似非金属	绝缘体
钋	似金属	绝缘体

石英晶体是二氧化硅的天然形式。石英是岩石中最常见的矿物之一，沙子就是细小的石英颗粒。

器是由受电流影响的半导体控制的。这些设备就像开关和机器一样，大量协同工作来执行复杂的任务。

表面蚀刻有电子元件的薄的硅晶圆。然后，硅晶圆被切割成芯片。

调整它们的性能。这个过程叫作"掺杂"。在热、光或电等能量存在的情况下能导电的物质被称为"半导体"。例如，热敏电阻是受热影响的半导体，它们用于温度计和恒温器中。光敏半导体用于太阳能电池和光感受器中，前者可以利用太阳能发电，后者则可以探测光线。数码相机通过记录镜头后感光器上形成的图像来拍照。计算机和类似的机

科学词汇

导体： 导电和导热性能都很好的物质。

共价键： 两个或更多的原子共用电子而形成的键。

电流： 由带电粒子在物质中的有规则定向运动形成。

绝缘体： 不能导电和导热的物质。

半导体： 在特定条件下才具有良好的导电和导热性能的物质。

镧系元素和锕系元素

在元素周期表的下面有单独的两行元素，第一行为镧系元素，从镧开始，到镥结束。第二行为锕系元素，从锕开始，到铹结束。

看看第 10 ~ 11 页的元素周期表。第 6 周期的前两个元素是铯和钡，原子序数分别为 55 和 56，然后跳转到原子序数为 72 的铪，并按顺序继续排列，直到这个周期的最后一个元素氡，其原子序数为 86。第 7 周期也有类似的情况，第 7 周期的前两个元素是钫和镭，原子序数分别为 87 和 88，然后跳转到原子序数为 104 的铲。缺失的元素分别为第 57 号元素镧至第 71 号元素镥，以及第 89 号元素锕至第 103 号元素铹。这些元素位于元素周期表下面的两行，第一行元素为镧系元素，第二行元素为锕系元素。

物理性质

镧系元素和锕系元素有许多共同的性质，事实上也的确如此，我们通常很难区分它们。它们都是银白色至灰色的固体，表面

有光泽，但在空气中，它们会失去光泽（变色）。变色是因为它们很容易与空气中的氧气反应。氧气与金属结合形成金属氧化物，覆盖在金属的表面。和大多数金属一样，镧系元素和锕系元素的导热和导电性能都很好。

在自然界中，镧系和锕系中的许多元素经常与其他元素混合在一起，形成岩石和矿物。因为它们的化学性质很相似，所以它们经常同时出现且很难分开。镧系元素和锕系元素通常与非金属结合在一起。它们的原子给出最外电子壳层上的 3 个电子，从而与非金属原子形成化学键。在某些情况下，金属原子可能会失去 2 个或 4 个外层电子，形成具有不同性质的化合物。

科学词汇

合金： 一种金属与另一种或几种金属或非金属（如碳）的混合物。

沸点： 液体变成气体的温度。

熔点： 固体变成液体的温度。

放射性： 某些核素自发地放出粒子或 γ 射线，或俘获轨道电子后放出X射线，或自发裂变的性质。

超铀元素： 原子序数大于铀的原子序数的元素。

铀提取通常在露天矿山进行，这降低了矿工接触有毒放射性气体的可能性。这些有毒放射性气体可能在地下矿山中聚集。

镧系元素

镧系元素和钪、钇这两种金属被统称为"稀土金属"。"稀土金属"这个名称对镧系元素稍有误导。例如，一些镧系元素比铂或铅等更知名的金属更常见。

镧系元素是相对较软的金属，但它们的硬度随着（元素周期表中从左到右）原子序数的增加而提高。镧系元素具有很高的熔点和沸点，并且非常活泼。镧系元素容易与大多数非金属反应。一般来说，它们失去3个外层电子而与非金属原子成键。它们可以与水和弱酸起反应，而且在空气中很容易燃烧。

上图为20世纪30年代在法国销售的Tho-Radia辐射护肤品。它们含有放射性元素钍和镭。人们曾经认为这两种元素对健康有益。

镧系元素有许多用途。有些是有用的催化剂，可以加速石油工业中的化学反应；有些可用于制造激光和荧光灯；它们也用于电视中，使屏幕呈彩色。有些镧系元素与其他金属混合制成合金，从而使合金更坚固；有些还具有磁性，可以在其他磁性元素不起作用的极冷条件下使用。

锕系元素

锕系元素密度很大，都具有放射性。随着时间的推移，它们会衰变成其他元素的原子。有些锕系元素非常不稳定，只会与可以增加其稳定性的元素形成化合物。与大多数金属一样，锕系元素可以与弱酸反应，释放出氢气。锕系元素被放入沸水中时，也会释放出氢气。

锕系元素很容易与空气中的氧气反应，在金属表面产生一层薄薄的金属氧化物，使金属变色。铀是锕系元素中最常见的元素，广泛地分布在世界各地。它通常以氧化物即二氧化铀（UO_2）的形式存在。铀

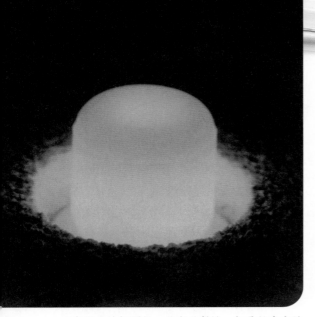

正在发光的钚颗粒，具有放射性。钚是铀衰变的产物之一。它被用作太空探测器和核电站的燃料。钚是有剧毒的，极具危险性。

是含量很丰富的放射性元素，被开采和加工用于核能行业。铀也被用来制造黄绿色的发光玻璃。钍也存在于矿物独居石中，甚至可能比铀更常见。钍主要用于制作煤气灯罩，在硝酸和硫酸的生产中以及石油工业中也作为催化剂使用，钍也有作为核燃料的潜力。其他锕系元素用途有限，例如，钚用于核工业和心脏起搏器中；镅用于烟雾探测器中。

制造锕系元素

　　锕系元素中只有前4种元素在自然界中大量存在，分别是锕、钍、镤和铀。锕系元素中原子序数大于92（铀的原子序数）的元素被称为"超铀元素"。其中，只有镎和钚在自然界微量存在，其他超铀元素均是在实验室被制造出来的。

格伦·T. 西博格

　　1940年，美国物理学家埃德温·麦克米伦（Edwin McMillan，1907—1991）和菲

利普·艾贝尔森（Philip Abelson，1913—2004）制造出了原子序数为93的元素，他们将这种元素命名为镎。一年后，美国化学家格伦·T. 西博格（Glenn T. Seaborg，1912—1999）和他的同事们制造出了第94号元素，并将其命名为钚。

　　1944年，在更多的超铀元素被发现后，西博格认为这些元素应该像镧系元素那样，形成一个新的组。除了钚，西博格还发现了元素镅、锔、锫、锎、锿、镄、钔和锘。他把这组新的元素称为"锕系元素"，并把镧系元素和锕系元素放在元素周期表的下面。为了表彰他对化学的贡献，西博格与埃德温·麦克米伦共同获得了1951年的诺贝尔化学奖。第106号元素𬭶就是以他的名字命名的。西博格的发现是元素周期表的最后一次重大改变。

元素周期表的结尾

　　科学家继续寻找比𬭶更重的元素，其中的大部分工作是在德国达姆施塔特、俄罗斯杜布纳和美国加利福尼亚州伯克利的实验室里进行的。制造新元素过程的关键在于原子核中质子数和中子数的比例。如果这个比例不正确，原子核就会变得不稳定，原子就会衰变。由特定比例的质子和中子组成的原子非常稳定，这样的数字被称为"神奇数字"。

　　自然界中最稳定的重元素是铅，有82个质子和126个中子。除了82/126这个理想比例，研究人员还预测了其他的比例，以期制造出新的超重元素。研究人员通过用一种富含中子的元素轰击一种重元素（如锔或镅）来制备它们。一个核聚变反应

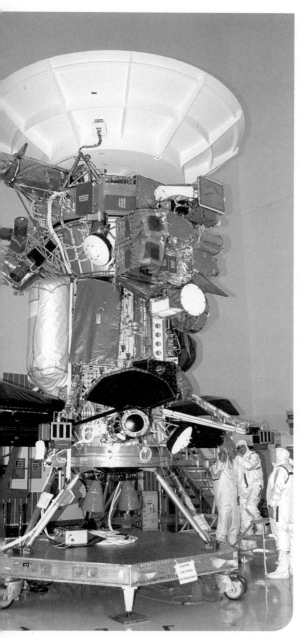

当放射性钚衰变时，它会产生热量，可以用来发电。在飞船上安装放射性热电发电机，可以为执行长期任务的飞船提供动力。

就这样开始了，形成了一个放射性衰变链。分析所形成的生成物可以检测是否产生了新元素。使用这种方法，科学家们制造了

供给和需求

稀土金属在先进工业中起着至关重要的作用。航空零部件、激光器、磁共振仪、手机、电脑等设备，都需要稀土金属独特的光学、电气、磁性和化学特性来驱动。好消息是，"稀土"这个词有点误导人。坏消息是，从地下提取它们是出了名的困难。

目前，中国拥有最大的储备量。这些关键元素的其他潜在来源是俄罗斯、澳大利亚和美国。然而，全球紧张的政治局势，以及对稀土金属高得令人难以置信的需求，意味着它们的供应和可获得性是一个令人关注的话题。

铍、镭、镂、铋、锘、钬、铁、镆、锭、砳和氮等超重元素。

最后的边界？

化学家认为理论上可能的最大原子序数（原子核所能容纳的质子的数量）在170至210之间。然而，化学家们是否真的能制造出这么多的元素还值得怀疑。科学定律并不能排除一个原子中有210个质子的可能性，但是原子核的稳定性却可以排除这种可能性。事实上，化学家可能已经接近找到元素周期表中的所有元素了。他们认为，最大原子序数可能在120左右，这意味着只剩下几种新元素有待发现了。

Books

Atkins, P. W. *The Periodic Kingdom: A Journey into the Land of Chemical Elements.* New York, NY: Barnes & Noble Books, 2007.

Berg, J. *Biochemistry.* New York, NY: W. H. Freeman, 2006.

Brown, T. E. et al. *Chemistry: The Central Science.* Englewood Cliffs, NJ: Prentice Hall, 2008.

Burrows, A. and Holman, J. *Chemistry³: Introducing Inorganic, Organic and Physical Chemistry.* Oxford: Oxford University Press, 2017.

Cobb, C., and Fetterolf, M. L. *The Joy of Chemistry: The Amazing Science of Familiar Things.* Amherst, NY: Prometheus Books, 2010.

Dean, J. and Holmes, D. A. *Practical Skills in Chemistry.* London: The Royal Society of Chemistry, 2018.

Davis, M. et al. *Modern Chemistry.* New York, NY: Holt, 2008.

Gray, T. *Reactions: An Illustrated Exploration of Elements, Molecules, and Change in the Universe.* New York, NY: Black Dog and Leventhal Publishers, 2017.

Khomtchouk, B. B., McMahon P. E., and Wahlestedt C. *Survival Guide to Organic Chemistry.* Boca Raton, FL: CRC Press, 2017.

Lehninger, A., Cox, M., and Nelson, *D. Lehninger's Principles of Biochemistry.* New York, NY: W. H. Freeman, 2008.

Oxlade, C. *Elements and Compounds (Chemicals in Action).* Chicago, IL: Heinemann, 2008.

Saunders, N. *Fluorine and the Halogens.* Chicago, IL: Heinemann Library, 2005.

Wilbraham, A., et al. *Chemistry.* New York, NY: Prentice Hall (Pearson Education), 2001.

Woodford, C., and Clowes, M. *Routes of Science: Atoms and Molecules.* San Diego, CA: Blackbirch Press, 2004.